März Wer neue Staudenbeete anlegen will, muss jetzt zur Schaufel greifen. Bereits vorhandene Rabatten werden aus dem Winterschlaf geweckt. Man entfernt liegengebliebenes Laub und schneidet stehengelassene Staudenreste ab. Bereits aufgelaufenes Unkraut wird gründlich entfernt, der Boden etwas gelockert und reichlich mit Kompost versorgt beziehungsweise mit etwas Dünger versehen. Sommerblumen kann man jetzt auf der Fensterbank vorziehen.

April Die volle Pracht der Zwiebelblumen und der ersten Ziergehölze treibt jetzt die tollsten Blüten! Und überall sprießt frisches Grün. Die Aufbruchstimmung der Natur wirkt ansteckend. Robuste einjährige Sommerblumen, wie Ringelblumen, kann man jetzt direkt ins Freilandbeet säen. Zu groß gewordene Stauden-Horste werden geteilt und umgepflanzt. Herbststauden, wie Chrysanthemen, sowie Gräser kann man jetzt noch neu pflanzen. Nachgekeimtes Unkraut gelegentlich entfernen.

April Immergrüne Laub- und Nadelgehölze sowie frostempfindliche Arten wie Weinreben oder Kiwi, setzt man erst im April in die Erde. Laubgehölze jetzt nur noch als ballierte Ware pflanzen. Nadelholzhecken, wie Eiben, schneidet man am besten jetzt. Gegen Ende des Monats wird auch der erste Rasenschnitt fällig. Gönnen Sie Ihren Grünflächen etwas Dünger! Auch für Rasenerneuerung ist nun die richtige Zeit. Säen Sie kahle Stellen neu ein. Bei trockenem Wetter schon 'mal den Sprenger anstellen.

Garten-Kalender

Blumenpflege leicht gemacht!

Juli Früh- und Spätblüher vollziehen den Schichtwechsel in der Staudenrabatte. Einige Arten, wie Rittersporn, Frauenmantel oder Katzenminze, haben die Hauptblüte hinter sich und sollten kurz über dem Boden abgeschnitten werden. Mit etwas Dünger treiben sie bald neu aus. Hohe Stauden wo nötig stäben. Während längerer Hitzeperioden gut wässern und weiterhin verwelkte Blüten ausschneiden. Jetzt ist auch die richtige Zeit für den zweiten Heckenschnitt – und Hochsaison für Grill-Partys!

August Hochsommerzeit – Urlaubszeit! Ausgerechnet jetzt müssen Gießkanne und Gartenschlauch häufiger zum Einsatz kommen. Bestellen Sie also einen Gartensitter vor der Abreise. Vielleicht überreden Sie einen Nachbarn mit einem Gartenblumenstrauß. Sie könnten die Blüten in Ihrer Abwesenheit ohnehin nicht genießen, und bei Ihrer Rückkehr gibt's neue. Abgeblühtes weiterhin entfernen. Einjährige nochmals düngen. Madonnenlilien, Christrosen und blühende Stauden für die nächste Saison pflanzen.

Oktober Laub von Rasenflächen abrechen und zum letzten Mal mähen. Abgeblühte Stauden werden knapp über dem Boden abgeschnitten und kompostiert. Es lohnt sich jedoch, Gräser und dekorative Fruchtstände stehen zu lassen, sie zeichnen herrliche Winterbilder. Sommerblumen sterben nach den ersten Frösten ab und können aus den Beeten entfernt werden. Immergrüne wässern, solange der Boden frostfrei ist. Auch in milden Gegenden Kübelpflanzen einräumen und frostfrei überwintern.

November Wer Glück hat, kann noch die letzten Chrysanthemenblüten durch die Nebelschleier leuchten sehen. Aber der Winter wirft spürbar seine Schatten voraus. Solange der Boden frostfrei ist, dürfen noch Laub abwerfende Gehölze sowie wurzelnackte Rosen gepflanzt werden. Für sie ist sogar jetzt erst der ideale Zeitpunkt. Alle Rosen anhäufeln. Empfindlichen und frisch gepflanzten Stauden mit Reisig oder Laub etwas Winterschutz gewähren. Falllaub auf die Beete verteilen.

Dezember Im Idealfall darf man jetzt schneebemützte Staudenreste und wattebauschgeschmückte Nadelgehölze bewundern und von weißer Weihnacht träumen. Leider klappt das nicht in jedem Jahr! Wie auch immer das Wetter wird, nutzen Sie die »staade Zeit«, um Gartengeräte zu säubern, Wasserleitungen zu entleeren, Nistkästen aufzuhängen und Vögel zu füttern. Wenn der Boden frostfrei ist, gönnen Sie Ihren Immergrünen zusätzliche Wassergaben. Ältere Ziersträucher darf man jetzt auslichten.

UTE BAUER

Mein schöner Blumengarten

Pflegeleichte Beete – einfach gestalten

Im Überblick

Einleitung

Pflegeleicht gärtnern und Blüten genießen – geht das? ... 6

Mit dem Standort gärtnern

Klima & Boden ... 10
Den Boden verbessern ... 14
Licht ... 16
Manche mögen's heiß ... 18
Schatten & Halbschatten ... 24
Teich & Sumpfbeet ... 29

Aus der Fülle des Sortiments clever auswählen

Stauden ... 34
Pflegepraxis Stauden ... 36
Kräuter, Kräuter, Kräuter ... 38
Blattschmuckstauden & Bodendecker .. 40
Filigrane Gräser ... 42
Zwiebeln & Knollen ... 44
Pflegepraxis Zwiebelblumen ... 48
Sommerblumen ... 50
Einjährige Kletterer ... 52
Pflegepraxis Sommerblumen ... 54
Blumenwiesen ... 55
Zweijährige ... 56
Rosen ... 60
Rosen in Kombination ... 62
Pflegepraxis Rosen ... 64
Gehölze ... 68
Bunte Bäume & Sträucher ... 70
Pflegepraxis Gehölze ... 71

So gelingt die Beetgestaltung

Gestaltung ... 74
Dynamik für die Beete ... 75
Von grünen Formen ... 76
... und dritter Dimension ... 77
Räume gliedern ... 78
... mit Formen spielen ... 79
Die Beetarbeit erleichtern ... 80
Sitzplatz ... 82
Sorry, kein Durchblick! ... 83
Duft liegt in der Luft 84
Blütezeiten ... 88
Sommer- & Dauerblüher ... 89
Frühling & Frühsommer ... 92
Spätsommer & Herbst ... 95
Farben ... 98
Leuchtendes Gelb ... 100
Klares Blau & Lila ... 104
Weiches Rosa & Violett ... 106
Schweres Rot & Purpur ... 108
Edles Weiß & Silbergrau ... 110

Anhang

Bezugsquellen ... 114
Stichwortverzeichnis ... 115

Einleitung

Pflegeleicht gärtnern und Blüten genießen – geht das?

Wer clever plant und komponiert, kann mit wenig Aufwand Blüten genießen.

Nichts ist so beständig wie der Wandel. Das gilt auch für die Einstellung zum Garten. Statussymbol, Nahrungsmittellieferant, Kunstobjekt – alle möglichen Rollen spielte er bereits im Lauf seiner langen Geschichte. Unterschiedliche Generationen haben eben unterschiedliche Erwartungen und Bedürfnisse. Wer heute nach einem acht bis zehn Stunden Arbeitstag zwischen Bildschirm, Handy, Fax, Verhandlungen mit Kollegen und Geschäftspartnern nach Hause kommt, der will verständlicherweise in seinem Stück Grün hinter dem Haus vor allem entspannen und abschalten. Wie wohltuend, die Augen mit einem Blick ins Laubgrün oder Himmelblaue zu beruhigen, die Ohren wieder für Blätterrauschen und Vogelgezwitscher zu sensibilisieren!

Am besten gelingt das natürlich in der Hängematte oder im Liegestuhl liegend. Einfach ’mal die Seele baumeln lassen, und wenn man wieder Kräfte getankt hat, mit lieben Freunden einen netten Grillabend genießen. Kurz: Das Letzte, was man sich im Garten wünscht, sind eine Fortsetzung des Arbeitsdrucks, zusätzliche Pflichten oder Anforderungen. Man betrachtet ihn eher als Schau-platz für die leichten und heiteren Seiten des Seins, als Raum für die angenehmen Auszeiten im Alltag.

Kein Wunder also, dass sich pflegeleichte Gärten einer ständig wachsenden Fangemeinde erfreuen, und das nicht nur unter Workaholics. Ein Trend, der aus unserer hektischen, schnelllebigen Zeit resultiert, die so viele spannende Möglichkeiten bietet, aber eben auch vielfältige Belastungen und chronischen Zeitmangel mit sich bringt. Aber Vorsicht: Manchmal wird aus dem arbeitsscheuen Einsteiger ganz schnell ein richtig passionierter Hobbygärtner, der den Spaß und die Freude am Arbeiten im Garten entdeckt und genießt.

Nur Rasen und ein paar Sträucher,

darauf beschränkt sich die Gartenplanung oft, wenn Grün-Genießer es endlich zur sehnlichst erwünschten Oase gebracht haben. Nur nicht buddeln, päppeln, pflegen, wenn man alternativ auch in der Sonne relaxen kann. Aber damit sitzen Sie gleich zwei populären Irrtümern auf. Zum einen kostet das regelmäßige Rasenmähen im Sommer mehr schweißtreibende Stunden als ein standortgerecht angelegtes Staudenbeet, das man während der heißen Jahreszeit von der Hängematte aus beim Wachsen beobachten kann. Allenfalls im Frühjahr und Herbst muss man dort einmal Hand anlegen, um Starthilfe zu geben oder etwas Ordnung zu schaffen.

Zum anderen unterschätzen Sie die Eigendynamik eines Gartens. Irgendwann wird sich doch die Versuchung melden, das grüne Meer mit ein paar Farbtupfern zu unterbrechen. Man entdeckt beim Einkaufen zufällig dieses unwiderstehliche Grünzeug mit den herrlich peppigen Blüten. Man erliegt dem Charme der eleganten blauen Rispen in Nachbars Garten und organisiert sich einen Ableger. Oder man fühlt sich beim Anblick runder, praller Sonnenblumenscheiben an unbeschwerte Kindertage erinnert und muss sie einfach haben. Und selbst wer gegen solche Anwandlungen gefeit ist, dem schenken die lieben Freunde vielleicht eine besonders kostbare Rose zum Einzug, oder Vögel und Wind tragen irgendwelche unbekannten Blumen in den Garten, die dann zum Ausreißen doch viel zu schade sind. Kurzum: Ganz ohne Blüten geht es nicht! Bequemlichkeit hin, Zeitmangel her, für viele sind Blumen sogar Inbegriff oder Herzstück des Gartens. Warum also darauf verzichten oder das Sortiment dem Zufall überlassen? Mit ein wenig cleverer Planung kann man auch einen Blumengarten entspannt angehen.

Zwei Wege führen zu Farbe

im grünen Reich, ohne unnötigen Aufwand zu betreiben. Erstes und wichtigstes Prinzip: Gärtnern Sie mit dem Standort! Vergessen Sie Phlox oder Rittersporn, auch wenn sie noch so schön sind, wenn Ihr Garten auf Sand gebaut ist. Sie werden Ihnen nichts als Mühsal und Frust bescheren, während Königkerzen und Spornblumen von alleine in den Himmel wachsen. Mehr dazu erfahren Sie im ersten Kapitel dieses Buches. Das zweite Kapitel zeigt Ihnen aus der riesigen Palette an Blütenpflanzen – ausdauernden Stauden, einjährigen Sommerblumen und dekorativen Gehölzen – die jeweils pflegeleichtesten Vertreter auf. Wozu sich mit kapriziösen Charakteren herumschlagen, wenn man mit robusten ebenso paradiesisch gestalten kann? Das letzte Kapitel gibt nützliche Tipps zur Komposition des Blumengartens und wie sich Pflegearbeiten minimieren lassen.

Cool bleiben auch an heißen Tagen: Pflegeleichte Beete machen es möglich.

Mit dem Standort gärtnern

Lassen Sie die Natur und die örtlichen Gegebenheiten für sich arbeiten. Das spart viel Zeit und Mühe und gibt Freiraum zum Genießen.

Klima & Boden

Grundlagen für den Einstieg in den pflegeleichten Garten

Klimabedingungen prägen Landschaften und selektieren auch die Gartenpflanzen.

In der Natur wächst alles von alleine. So scheint es jedenfalls. Kein grüner Daumen, der päppelt, hegt und pflegt, keine Gärtnerhand, die gießt, schneidet, stäbt und düngt. Dennoch begegnen wir überall blühenden Landschaften: bewaldete Hügel, weiße Teppiche aus Buschwindröschen, bunte Wiesen mit Klatschmohn, Schlüsselblumen oder Wiesenschaumkraut, mit Iris und Blutweiderich bestandene Ufer. Warum gedeiht draußen so prächtig, was im Garten oft so viel Aufwand erfordert? Die Antwort ist simpel: Weil Pflanzen in der Natur nur dort aufgehen, wo sie die individuell passenden Bedingungen vorfinden. Stimmen die Voraussetzungen, entwickeln sie sich ganz ohne Zutun und Fürsorge.

Zugegeben, ein Garten ist wesentlich intensiver genutzt und soll schließlich während der ganzen Saison gut aussehen. Ganz ohne Hand anlegen gelingt das natürlich nicht. Macht man sich jedoch das Prinzip der Natur zur Maxime, kann man der Gartenpflege gelassen entgegensehen. Je genauer die Pflanzenauswahl zum vorhandenen Standort passt, desto mehr Hängematte und desto weniger Stress ist angesagt. Wer möchte schon mangelnde Bodenfeuchtigkeit durch ständiges Gießkannen-Geschleppe ausgleichen oder harte Winterfröste durch aufwändiges Einpacken, Abdecken oder gar Aus- und Eingraben entschärfen? Schließlich gibt es genügend Blütenpflanzen, die genau das lieben, was Ihr Garten bietet.

Unterschiedliche Klimazonen sind verantwortlich für die Pflanzenvielfalt dieser Welt und damit auch für die Farbigkeit unserer Gärten. Findige Pflanzensammler und ambitionierte Züchter erschlossen uns immer neue Schönheiten für das heimische Stück Grün. Jedem ist klar, dass Bewohner tropischer Regenwälder bei uns nur als Kübel- oder Zimmerpflanzen zu kultivieren sind. Zu groß sind die Unterschiede im jährlichen Temperaturverlauf, in den Regenmengen und Tageslängen. In Mitteleuropa geben hohe Niederschläge und relativ kalte Winter die Eckdaten für die Pflanzenwelt vor. Dennoch gibt es innerhalb dieser Region erhebliche Abweichungen.

Ob Küste oder Alpenland, spielt für die Gartenplanung schon eine gewisse Rolle, da die geografischen Gegebenheiten das Großklima überlagern. Das Meer sorgt, wie alle größeren Wasserflächen, für höhere Luftfeuchte, dient als gigantischer Temperaturpuffer, der allzu harte Fröste aber auch Hitzerekorde dämpft und lang andauernde Schneedecken selten macht. Andererseits setzt das flache Land im Norden rauen Winden von der See nichts entgegen.

Anders in den Bergen. Mit jedem Höhenmeter sinken die Temperaturen, die Frostperioden dauern länger und die Gefahr von Spätfrostschäden an empfindlichen Blüten steigt. Nachts bilden sich vor allem in den Tallagen oft regelrechte Kälteseen. Andererseits genießen die Pflanzen an den Hängen eine erhöhte Sonneneinstrahlung. Nicht zufällig findet Weinbau in unseren Breiten fast ausschließlich in Hanglagen entlang großer Flüsse statt. Eine gute Licht- und Wärmebilanz, gepaart mit milden Wintertemperaturen, bildet optimale Voraussetzungen – natürlich auch für andere empfindlichere Pflanzen. Wer entlang des Rheingrabens wohnt, kann z. B. Aukuben, Verbenen oder Fackellilien ohne weiteres im Freien überwintern, wovon man im Bayerischen Wald oder Ostfriesland nur träumen kann.

Große Wasserflächen puffern Temperaturen ab, Höhenlagen sind frostgefährdeter.

Birnbaum-Spalier: Sonnenexponierte Wände wirken als Wärmespeicher.

Raue Winde in Küstennähe vertragen nur robuste Pflanzennaturen.

Das Wetter kann man nicht ändern, aber das Kleinklima lässt sich beeinflussen. Den regionalen Standort seines Gartens muss man zwar nehmen, wie er ist, aber es lassen sich bewusst Nischen schaffen oder vorhandene nutzen. So nehmen dichte Hecken zugigen Lagen den Wind aus den Segeln. Südwände, die tagsüber die Sonne aufheizt, geben ihre Strahlungswärme nachts an die Umgebung ab. Geschlossene, sonnige Innenhöfe bieten stets etwas höhere Temperaturen als die Umgebung. Laubbäume sorgen für Schatten und ebenso wie Wasserflächen für sommerliche Verdunstungskühle. So bietet jeder Garten verschiedene Standorte.

Worauf baut Ihr Garten?

Der Boden ist der wichtigste Faktor

im Garten für Gedeih und Verderb Ihrer Pflanzen. Er ist, neben den Lichtverhältnissen, hauptverantwortlich für Prachtentfaltung oder Dahinmickern. Lernen Sie ihn also kennen, am besten vor der Pflanzung. Das spart viel Arbeit mit Fehlbesetzungen. Denn falsche Böden gibt es nicht, höchstens die falsche Pflanzenauswahl.

Luft und Liebe tun zwar gut,

genügen auf Dauer aber weder Mensch noch Pflanze zum Überleben. Etwas handfestere Nahrung muss schon sein. Für Pflanzen spielt der Boden die Rolle der gefüllten Vorratskammer. Nur was das Erdreich an Wasser, Nährstoffen und Luft zur Verfügung stellt, ist für Wachstum und Lebenserhalt nutzbar. Zu wenig führt zum Verhungern. Glücklicherweise gibt es auch im Pflanzenreich Asketen und Nimmersatts. Prüfen Sie daher zuerst, welchem Klientel Ihr Standort den richtigen Rahmen bietet.

Am besten erst einmal zurücklehnen, die Füße hochlegen und beobachten. Das ist erstens entspannend und zweitens der beste Weg, den Garten kennenzulernen. Wo sind die heißesten Plätze? Gibt es Senken, in denen sich Wasser sammelt? Wo ist das Gelände abschüssig? Sofern Sie nicht gerade ein frisch aufgeschüttetes Neubau-Grundstück bezogen haben, gibt auch schon einiges an Grün. Schauen Sie genau hin, was sich da breit macht, denn diese Pflanzen verraten bereits viel über den Standort.

Welche Erde steht an? Krümeliger, humusreicher Oberboden ist Gold wert.

- Brennessel und Vogelmiere deuten auf einen guten, humus- und nährstoffreichen Gartenboden hin.
- Ackerschachtelhalm gedeiht gerne auf kalkhaltigen, im Untergrund oft verdichteten Böden, die auch unter Staunässe leiden können.
- Steinklee und Sandmohn verraten sandige, trockene Böden mit mageren Nährstoffverhältnissen.
- Löwenzahn, Huflattich und Scharbockskraut weisen auf feuchte, lehmige bis schwere Böden hin.

Ohne einen Finger krumm zu machen, lassen sich so erste wichtige Anhaltspunkte sammeln.

Mit dem Spaten

vertieft man jetzt die gewonnenen Erkenntnisse. Hebt man zwei bis drei Spaten tief Erde aus, zeigt der Boden sein Profil und gibt eine mehr oder minder deutliche Schichtung zu erkennen. Im Idealfall finden Sie zuoberst eine 20 bis 30 Zentimeter hohe Schicht aus dunkler, feinkrümeliger Erde. Diese zeugt von hohem **Humus**gehalt, von viel organischer Substanz, die aus zersetzten Pflanzenteilen, Wurzeln, Laubresten, Pilzen, Bakterien, Kleinlebewesen und Mikroorganismen besteht. Auch wenn der Wurm drin ist, sollten Sie sich freuen. Regenwürmer sind wahre Wohltäter für eine gesunde Bodenstruktur. Je humoser die oberste Schicht (= **Mutterboden**), desto besser ist sie in der Lage, Wasser zu binden und je nach Bedarf an die Wur-

Erkennen, ohne einen Finger zu krümmen: Brennnesseln verraten nährstoffreichen Boden.

zeln abzugeben, und das bei gleichzeitig optimalem Lufthaushalt. Leider ist der Mutterboden aber oft dünn und humusarm. Dann gewinnen die Eigenschaften des darunter liegenden Mineralbodens an Bedeutung. Seine Farbe und Zusammensetzung hängt vom anstehenden Gestein ab und fällt regional unterschiedlich aus.

Drei Bodentypen

lassen sich grob unterscheiden, und zwar anhand ihrer Korngrößen. Durchmesser und Form der einzelnen, winzigen Bodenbestandteile charakterisieren nämlich die Eigenschaften eines Bodens und bestimmen damit seine Qualität als Pflanzenstandort. Klingt wissenschaftlich, lässt sich de facto aber schon mit den Fingern feststellen. Nehmen Sie eine Hand voll feuchte Erde auf, und kneten und reiben Sie sie zwischen den Fingern:

- **Leichter, sandiger Boden** besteht aus groben, deutlich fühlbaren und mit dem bloßen Auge erkennbaren Einzelkörnern. Er hält kaum zusammen. In trockenem Zustand rieselt er durch die Finger. Er ist luftig, leicht zu bearbeiten und erwärmt sich schnell. Sein Nachteil: Er kann Wasser und Nährstoffe nur schlecht halten.
- **Schwerer, toniger Boden** setzt sich dagegen aus winzig kleinen Einzelteilchen zusammen und fühlt sich daher glatt bis schmierig an. Streicht man mit dem Daumen darüber, entstehen sogar glänzende Oberflächen. Einen Klumpen kann man, wie Knetgummi, zu einer stabilen Walze formen, die beim Trocknen steinhart wird. Tonigen Boden zu bearbeiten ist daher eine echte Ochsentour. Er kann zwar Nährstoffe prima binden, hält allerdings auch Wasser so hervorragend fest, dass es häufig zu Staunässe und Luftmangel kommt.
- **Mittlere Böden** (»**Lehm**«) besitzen kleine, große und mittlere Korngrößen zu etwa gleichen Teilen. Ein Klumpen ist formbar, zerbröckelt aber beim Trocknen. Mit Humusanteil sind sie ideale Gartenböden. Sie gleichen Vor- und Nachteile der beiden Extreme aus.

Typisches Bodenprofil: Oben dunkler Mutterboden, darunter helle Mineralbodenschichten.

Eine Fingerprobe genügt, um den Boden und seine Eigenschaften grob zu bestimmen.

TIPP

Bodenanalysen

geben allen, die es ganz genau wissen wollen, detaillierte Auskunft. Verschiedene Untersuchungsinstitute bieten diesen Service an (siehe Anhang). Man schickt eine Bodenprobe ein und erfährt neben der genauen Bodenart auch die Zusammensetzung der Nährstoffvorräte inklusive Düngeempfehlungen sowie den pH-Wert. Dieser zeigt an, ob die Erde sauer oder alkalisch reagiert.

Den Boden verbessern

Klingt nach Arbeit. Aber auch hier lassen Clevere die Natur für sich ackern. Auf extremen Standorten erweist es sich jedoch oft als arbeitssparender, einmal vor dem Setzen zu Schaufel und Spaten zu greifen, als ein pflanzenlebenlang die Bodendefizite durch Pflegemaßnahmen auszugleichen.

Garten- und Küchenabfälle werden zu wertvollem Humus umgesetzt.

Die Übergänge zwischen den einzelnen Bodenarten sind natürlich fließend. Es gibt tonigen Lehm, lehmigen Sand und alle möglichen weiteren Zwischenstufen. Doch mit nomenklatorischen Feinheiten braucht man sich nicht aufzuhalten. Die meisten Gartenböden sind so beschaffen, dass man mit der richtigen Pflanzenauswahl ein Blütenmeer gestalten kann, ohne sich krumm zu buckeln. Manchmal lohnt es sich allerdings, lieber im Frühjahr einmal ein Wochenende mit Buddeln zu verbringen, als den ganzen Sommer lang Sandboden mehrmals täglich zu bewässern oder tonige Erde mit schweren Werkzeugen zu bearbeiten. Ein guter Grund ist eben die beste Basis für den Gärtner.

Eine echte Wellnesskur für **Sandböden** ist das Einarbeiten von Gesteinsmehlen, wie Bentonit (gibt es im Fachhandel). Den gleichen Zweck erfüllt aber auch lehmige oder tonige Erde, die man sich vielleicht in der Umgebung kostenlos besorgen kann. Man mischt das bindige Material mit Schaufel und Rechen in die vorhandene Erde ein. Gibt man obenauf noch eine gute Packung Kompost, ist die Feuchtigkeitspflege perfekt, die Wasser- und Nährstoffhaltekraft des Bodens verbessert.

Reifer Kompost tut jedem Gartenboden gut. Regelmäßig im Frühjahr ausbringen.

Schwerer, toniger Boden zeigt bei Trockenheit typische Risse an der Oberfläche.

Umgraben und Sand einarbeiten sorgt bei schweren Böden für mehr Luft und Leichtigkeit.

Tonigen Böden öffnen Umgraben und das anschließende Untermischen von Sand- und Kompostgaben die Poren. Damit wird die Drainage verbessert, der Boden erhält mehr Leichtigkeit und eine gesündere Sauerstoffversorgung.

Natürlich lässt sich der Boden auch per Hand und Kultivator lockern, doch das ist anstrengender.

Kompost ist das Gold des Gärtners,

und man braucht nicht einmal danach zu graben. Er entsteht praktisch von alleine, wenn man Garten- und Küchenabfälle sammelt, in einer halbschattigen Gartenecke aufschichtet und Regenwürmern, Mikroorganismen und Co die Arbeit überlässt. Oder besser gesagt den gedeckten Tisch – Ihre Abfälle sind schließlich hochwertige Nahrung für die Kleinstlebewesen. Dafür werden Sie, nach rund einem Jahr, mit hochwertigem Humus belohnt. Eine klassische Win-Win-Situation.

In kleinen Gärten sind Kompostbehälter oder gar Thermokomposter, die die Rotte erheblich beschleunigen, ein gute Alternative zu offenen Mieten. Wer sich mit der Komposterei gar nicht anfreunden mag, erhält guten Humus aber auch über kommunale Groß-Kompostieranlagen. Fertige Komposterde ist krümelig, duftet erdig und ist der beste und preiswerteste Bodenverbesserer, den es gibt. Im Frühjahr verteilt man sie auf den Blumenbeeten und harkt sie nur oberflächlich in die Erde ein. Wer dies regelmäßig betreibt, macht auch aus minderwertigen Böden im Lauf der Jahre gute Gartenstandorte. Und das Beste: Humusreiche Böden braucht man nie umzugraben! Das schadet mehr, als es nutzt.

Nützlich und dekorativ: Bienenfreund und Gelbsenf als Gründünger.

Inkarnatklee lockert den Boden bis 1 m tief und reichert ihn außerdem mit Stickstoff an.

Wurzeln lassen statt schaufeln –

Gründüngerpflanzen machen´s möglich. Vor der Neuanlage eines Beetes bieten Bienenfreund, Gelbsenf, Buchweizen, Ölrettich und andere nützliche Arten die bequemste Art der Bodenverbesserung. Man sät sie während der frostfreien Monate aus, je nach Art von April bis September, lässt sie einige Wochen wachsen und harkt sie danach in die Erde ein. Das hat viele Vorteile:

- Tief wurzelnde Arten, wie Inkarnatklee, Steinklee oder Luzerne, strecken ihre Wurzeln in bis zu einen Meter Tiefe aus und lockern dabei die Bodenstruktur, ohne dass Sie ins Schwitzen geraten.
- Arten wie die genannten Klee-Sorten, Lupine, Winterwicke oder Seradella können Stickstoff aus der Luft sammeln und im Boden anreichern. Sie fungieren als natürliche Düngerlieferanten.
- Das Unterharken erhöht den Humusanteil des Bodens und verbessert damit Luft- und Wasserhaushalt.
- Bleibt Gründünger den Winter über stehen, schützt er den Boden vor Erosion und der Auswaschung von Nährstoffen.

Licht

Über Sonnen- und Schattenseiten

Nord oder Süd – nach welcher Himmelsrichtung exponiert sich der Garten?

Die Schlagschatten hoher Bäume und Gebäude wandern mit dem Stand der Sonne.

Welcher Typ sind Sie? Lebt Ihre Psyche in hellen, lichtdurchfluteten Räumen auf, oder finden Sie sie eher kühl und steril? Während die einen in schummrigen Zimmern Atemnot kriegen, finden es andere dort erst richtig gemütlich. Ähnliche Vorlieben gibt es auch unter den Pflanzen. Mehr noch, für sie ist Licht überlebensnotwendig. Denn über die Photosynthese wandeln sie Sonneneinstrahlung in Lebensenergie um. Das heißt: Ohne Licht geht nichts. Wie viel sie davon brauchen, beziehungsweise welche Intensität sie ertragen, hängt davon ab, auf welche Lebensbereiche sie sich in der Natur spezialisiert haben. Die Bewohner von Wäldern, Sumpfzonen, steinigen Berghängen oder sonnigen Wiesen wollen ihre spezifischen, sehr unterschiedlichen Bedürfnisse eben auch im Garten erfüllt haben. Je genauer die Bedingungen übereinstimmen, desto prächtiger entfalten sie sich und umso weniger müssen Sie dazutun. Schwächelnde Besetzungen müssen dagegen ständig gegen Unkraut und vitalere Konkurrenten verteidigt werden. Vor dem Pflanzen heißt es also zunächst, seinen Garten genau zu beobachten, wie schon im Kapitel »Boden« empfohlen.

Die Himmelsrichtung gibt erste Anhaltspunkte. Öffnet sich der Garten nach Süden? Hat die Terrasse West- oder Ostlage? Um mehr Licht ins Dunkel der Standortfrage zu bringen, sollten Sie jedoch noch genauer hinsehen, und zwar nicht nur nach Feierabend. Beobachten Sie, wie die Schatten von Gebäuden und hohen Bäumen im Lauf des Tages über das Grundstück wandern. Welche Gartenteile tauchen wie lange in den Schatten ab und zu welchen Tageszeiten? Bedenken Sie auch, dass sich die Lichtverhältnisse mit den Jahreszeiten ändern. Im Frühjahr ist es unter Laubbäumen noch hell und sonnig, Schatten werfen sie erst nach dem Austrieb. Und wenn es die Sommersonne schafft, über den First des Nachbarhauses zu lugen, siegt im März oder September vielleicht schon der Gebäudeschatten. Umgekehrt verstärkt eine helle,

Helle, sonnenbeschienene Mauern reflektieren Licht und Wärme – ideal für Exoten.

sonnenbeschienene Südwand die Licht- und vor allem Wärmeintensität. Wer seinen Garten nach diesem Muster gründlich taxiert, wird meist feststellen, dass er verschiedene Licht- und Schattenseiten zu bieten hat. Jetzt heißt es nur noch, die Wunschpflanzen richtig zu verteilen.

Als Gartenanfänger orientiert man sich am besten an den Etiketten, die die Pflanzen beim Staudengärtner oder im Gartencenter tragen. Sie geben in der Regel Auskunft über die Lichtansprüche der jeweiligen Art und unterscheiden nach:

- **Sonnig:** Hier sind Plätze gefragt, die den größten Teil des Tages Sonne genießen, in jedem Fall aber während der Mittagstunden. Die Variante **vollsonnig** bezeichnet wirklich ununterbrochen beschienene Standorte, die auch große Hitze entwickeln, etwa Steingärten.
- **Halbschattig:** Dieser Begriff umschreibt Lagen, die nur vormittags oder nachmittags für einige Stunden direkt besonnt werden oder im bewegten Schatten lichter Laubkronen liegen.
- **Absonnig:** So heißen helle, unbeschattete Gartenseiten, die jedoch keine direkten Sonnenstrahlen erhalten, etwa Nordhänge oder Nordseiten von Gebäuden.
- **Schattig:** Dies sind lichtarme Orte, die praktisch nie direkte Sonneneinstrahlung abkriegen, weil sie im Vollschatten von Mauern, Gebäuden oder unter einem dichten Blätterdach liegen.

Und wenn man den Standort falsch einschätzt? – Sehen Sie es nicht zu eng. Etwas Mut zum Experimentieren gehört dazu. Etwas so lebendiges wie ein Garten lässt sich nicht in allzu starre Schemen pressen. Viele Pflanzen erweisen sich als relativ flexibel. Macht eine Art letztendlich mehr Arbeit als Freude, dann scheuen Sie sich nicht, sie umzusetzen. Außerdem verändert sich auch der Garten im Lauf der Zeit, Bäume werden größer, der Boden humoser. Das erfordert ohnehin öfter 'mal 'was Neues.

Sonnenanbeter und Hungerkünstler schaffen auch auf heißen Standorten ein Blütenmeer.

Manche mögen's heiß

Vollsonnig-trockene Extremverhältnisse im Garten sind kein Grund, sich entmutigen zu lassen. Die passenden Spezialisten sorgen auch auf kargen Plätzen für farbenfrohe, temperamentvolle Blütenmeere und bieten immer noch eine Fülle attraktiver Kombinationsmöglichkeiten.

Blühende Sonnenanbeter, wie Nelken und Geranien, stehen an dieser Treppe Spalier.

Licht und Boden zusammen regeln den dritten wichtigen Standortfaktor, die **Feuchtigkeitsverhältnisse**. Ein guter humoser Grund gleicht Schwankungen der Niederschläge weitgehend aus, er wirkt als Puffer. Bei fehlender oder sehr dünner Humusschicht und gleichzeitig stark sandig-steinigem Boden kommt es dagegen sehr schnell zu Wasser- und Nährstoffmangel. Viel Sonne – auf anderen Böden die beste Voraussetzung für Blütenreichtum – verschärft das Problem noch. Trockene, magere, heiße Standorte sind das Ergebnis. Unter solchen Bedingungen kapitulieren nicht nur viele Pflanzen sehr schnell, sondern auch Gartenbesitzer. Resigniert legen sie die bunten Blütenträume ad acta. Zugegeben, Sonnenblumen, Rittersporn oder Phlox können Sie unter solchen Umständen vergessen, aber auf leuchtkräftige Blüten braucht man deshalb nicht zu verzichten. Zeigen Sie sich flexibel, disponieren Sie um auf Spezialisten, die in so karger Umgebung erst richtig aufleben.

Hungerkünstler und Sonnenanbeter findet man in freier Natur auf offenen Freiflächen, wie Wiesen, Steppen, Heiden oder auch auf steinigen Hängen. Alle haben sich auf ihre Weise mit großer Tageshitze, längeren Trockenperioden und knappem Nährstoffangebot arrangiert. So stattliche Erscheinungen wie die Königkerze oder die Steppen-Wolfsmilch findet man darunter ebenso wie zierliches Hornkraut oder filigrane Polsternelken, viele Zwiebelblumen (siehe Seite 44ff.) und nicht zuletzt die Gruppe der Kräuter (siehe Seite 38f.). Je karger und heißer die Lage, desto ausgeprägter ist ihr Aroma.

Viele Sonnenhungrige verraten ihre Standortvorliebe übrigens bereits durch ihr Äußeres. Filzige Behaarung oder silbergraues Laub schützen vor zu hoher Verdunstung und kennzeichnen Bewohner vollsonniger, heißer Gebiete.

Machen Sie aus der Not

eine Tugend. Unterstreichen Sie die Wirkung Ihrer blühenden Asketen mit Gestaltungselementen, die ihrer natürlichen Herkunft entsprechen. Steine und Mauern verleihen einem Ensemble aus wärmeliebenden Stauden nicht nur mehr stilechten Charme, sie sorgen durch die Lichtreflexion und Wärmespeicherfunktion auch für das richtige Klima. Eine helle Mauer als Beethintergrund, ein paar wohl positionierte Findlinge oder eine Kieseinfassung schaffen stimmige Atmosphäre.

Ein richtiger **Steingarten** kann eine Alternative sein. Hier brauchen die Pflanzen sogar die unmittelbare Nähe, die Anlehnung an das Wärme rückstrahlende Gestein. Ihre Wurzeln schätzen jedoch durchaus kühle Fugen und Spalten. Viele polsterbildende Stauden, wie Blaukissen, Steinkraut oder Hauswurz leben hier gerne, daneben aber auch Krokusse oder Wildtulpen. Außerdem fühlen sich hier auch die Bewohner hochalpiner Regionen wohl, wie das Edelweiß, die allerdings hochspezialisiert und oft etwas schwierig sind.

Duftende Lavendelwolken verleihen dieser Trockenmauer mediterranes Flair.

Die Dalmatiner Glockenblume webt blaue Vorhänge über Trockenmauern und Treppen.

Thymian und Römische Kamille genießen die Wärme des Steingartens.

Nicht nur im Beet

und auf offener Fläche findet der Blumengarten statt. **Trockenmauern** erschließen die Senkrechte. Sie bestehen aus lose (ohne Bindemittel) übereinander geschichteten Steinen. In den Zwischenspalten finden Pflanzenwurzeln Halt, Wasser läuft jedoch schnell ab. Ein idealer Platz für mediterrane Kräuter, wie Thymian, Bergbohnenkraut, Lavendel, Salbei oder Katzenminze, die hier ähnlich trocken-warme Bedingungen vorfinden wie an ihren Heimatstandorten. Farbenfrohe Wandvorhänge bilden polsterförmige Stauden, wie Blaukissen, Glockenblumen oder Heidenelken, die ihre Triebe malerisch herabfallen lassen und die unregelmäßigen Steine dekorativ überwallen. Trockenmauern sind ein wertvolles Gestaltungsmittel, um im Garten unterschiedliches Bodenniveau auszugleichen. Sie geben aber auch Terrassen eine stimmungsvolle Abgrenzung oder trennen optisch dekorativ verschiedene Gartenbereiche.

Selbst **Treppen** und **Wege** müssen keine Steinwüsten sein. Die Ritzen zwischen Wegplatten sowie Fugen an Treppenrändern genügen hartgesottenen Vertretern als Lebensraum. Von hier aus weben sie bunte Blütenteppiche oder duftende Kräuterrasen. Niedrig bleibende Thymian-Arten, wie Feldthymian, Quendel, Zitronenthymian oder viele Zierformen, reagieren dabei nicht einmal betreten, wenn man sie betritt.

Hitzige Charaktere für karge Plätze

- **Thema:** Blütenpracht für durchlässige, sandige Böden in vollsonnig-heißer Lage.
- **Blütezeit:** Von Mai bis Oktober, Höhepunkt im Hochsommer von Juni bis August.

Wie dekorativ und farbenfroh selbst karge Standorte aussehen können, zeigt dieses Beispiel, in dem Gelb, Blau und Pink einen lebhaften Farbdreiklang bilden. Diese Pflanzung käme vor einer sonnenbeschienenen Mauer gut zur Geltung. Rechts bildet ein Trockenmäuerchen, bewachsen mit Feldthymian, gelbbuntem Salbei und Katzenminze, einen stilechten Beetabschluss. Graulaubige Arten, wie Königskerze, Wollziest, Lichtnelke und Blauschwingel unterstreichen die hitzige Atmosphäre. Im Hintergrund überragen imposante Königskerzen die Schirmchen der Goldgarbe sowie die kugelrunden Distelblüten – Formenkontraste, die Spannung ins Beet bringen und sich fortsetzen in den schlanken Lavendelähren neben rundlichen Heiligenkraut-Knöpfen und den flachen Tellern von Lichtnelke und Storchschnabel.

1. **Königskerze *(Verbascum bombyciferum)***
2. **Goldgarbe *(Achillea filipendulina)***
3. **Kugeldistel *(Echinops bannaticus)***
4. **Katzenminze *(Nepeta × faassenii)***
5. **Spornblume (*Centranthus ruber* 'Coccineus')**
6. **Lichtnelke *(Lychnis coronaria)***
7. **Gelbbunter Salbei (*Salvia officinalis* 'Icterina')**
8. **Heiligenkraut *(Santolina chamaecyparissus)***
9. **Lavendel *(Lavandula angustifolia)***
10. **Feldthymian *(Thymus serpyllum)***
11. **Blut-Storchschnabel *(Geranium sanguineum)***
12. **Wollziest *(Stachys byzantina)***
13. **Blauschwingel *(Festuca cinerea)***

(Porträts siehe Tabelle Seite 22)

Hier kommt keine Langeweile auf,

in diesem Beet ist immer Farbe geboten, denn abgesehen von den Blüten sorgen spektakuläre Laubfarben und -formen für viel Abwechslung. Die ornamentalen Blattrosetten der Königskerzen sind rund ums Jahr echte Hingucker. Achtung: Die Blüten erscheinen erst ab dem zweiten Standjahr! Das dramatisch gelappte, dunkelgrüne Laub der Kugeldisteln setzt Kontrapunkte zum filigranen »Gefieder« der Edelgarbe. Die silberwolligen Pelze von Lichtnelke und Wollziest sowie die fein zieselierten Triebe des Heiligenkrauts unterstreichen die Wirkung der dunkelgrünen, dekorativ eingeschittenen Quirle des Storchschnabels. Der gelbgrün gemusterte Salbei setzt warme Lichtreflexe, metallische Kühle halten die Halme des Blauschwingels dagegen.

Für erste Blütenfarbe sorgt ab Mai die Katzenminze. Und als unverwüstlicher Dauerblüher schließt sie im Oktober als letzte die Saison ab. Es lohnt jedoch die kleine Mühe, im Juli nach der Erstblüte die Triebe bis kurz über den Boden zurückzuschneiden, umso üppiger und kompakter blüht und wächst sie nach. Der Storchschnabel erblüht fast gleichzeitig. Nahezu alle anderen Begleiter treten im Juni in den Farbwettstreit ein. Ab Juli vervollständigen dann Kugeldistel und Heiligenkraut das Bild. Jetzt blüht das ganze Ensemble gleichzeitig – ein fulminanter Höhepunkt. Bis in den September hinein halten dann Spornblume, Goldgarbe und Kugeldistel die bunten Blütenfahnen hoch und werden nur von der Katzenminze überdauert.

Pflanzplan zum Pflanzvorschlag Seite 20

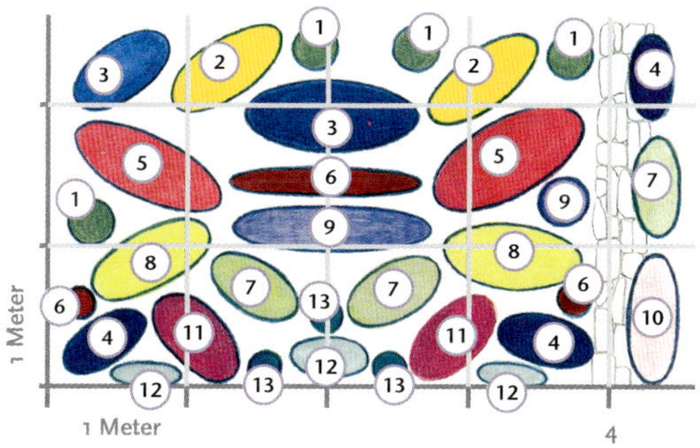

Lichtnelken und Edelgarben geben sich hier mit Gräsern und Mädchenauge ein Stelldichein.

Ein Tipp: Wer schon zeitiger im Jahr Blüten genießen möchte, kann kleine Tuffs früh blühender Zwiebelpflanzen, wie Gelbe Zwiebel-Iris oder Netz-Iris, Traubenhyazinthen oder Wildtulpen an die Beetränder setzen. Sie sorgen von Februar bis April für Farbe und lieben auch sandige, sommertrockene Böden.

Je sonniger und magerer Ihr Standort ist, desto weniger Arbeit haben Sie mit diesem Beet. Salbei, Lavendel, Heiligenkraut, Katzenminze, Lichtnelken und Thymian entwickeln sich erst so richtig üppig, wenn es anderen Pflanzen zu extrem wird. Wollziest macht sich bei guter Wasserversorgung sogar aus dem Staub und Blauschwingel vergrünt bei zu reichlichem Nährstoffangebot. Kugeldistel und Gold- bzw. Edelgarbe zählen zwar zu den Prachtstauden, lieben aber heiße, gut durchlässige Plätze. Den etwas größeren Hunger letzterer sollte man mit einer guten Startdüngung im Frühjahr stillen.

Pflanzen für vollsonnig-trockene Plätze (Porträts zum Pflanzvorschlag Seite 20)

	Gold-/Edelgarbe (*Achillea filipendulina* bzw. *A.*-Hybriden)	❀ 6–9	⬆ 60–120	Sie spannen breite Doldenschirmchen auf, die sich auch wunderbar zum Trocknen eignen, die Goldgarbe in warmem Gelb, Edelgarben in verschiedenen Farben. Gelegentlich düngen.
	Spornblume (*Centranthus ruber* 'Coccineus')	❀ 6–7/ 8–9	⬆ 50–70	Himbeerrote Blütenrispen öffnen sich nimmermüde. Schneidet man Verwelktes ab, blüht die Staude umso üppiger weiter. Verwildert gern. Die Sorte 'Albiflorus' blüht weiß.
	Kugeldistel (*Echinops bannaticus*)	❀ 7–9	⬆ 80–120	Die kugelrunden Blütenköpfe schimmern geheimnisvoll blau. Das große, tief gelappte Laub ist oben dunkelgrün, unten weißfilzig. Horstartiger Wuchs. Schön für Trockensträuße.
	Blut-Storchschnabel (*Geranium sanguineum*)	❀ 5–8	⬆ 10–40	Die breit wachsende heimische Wildstaude schmückt sich mit dunkelgrünen, tief eingeschnittenen Blättern und knallig pinkfarbenen Blütenschalen. Die Sorte 'Album' blüht weiß.
	Lavendel (*Lavandula angustifolia*)	❀ 6–8	⬆ 30–60	Der mediterrane Klassiker wächst polsterförmig und erfreut durch hocharomatischen Duft. Kühl-blaue Blütenähren über schmalen, silbergrauen Blättern zieren den verholzenden Halbstrauch.
	Lichtnelke (*Silene coronaria*)	❀ 6–7	⬆ 50–70	Sie macht ihrem Namen alle Ehre. Die karminroten Blüten leuchten intensiv und weithin sichtbar. Die Blätter sind dekorativ weißfilzig. Wo es ihr gefällt, versamt sie sich alleine.
	Katzenminze (*Nepeta × faassenii*)	❀ 5–10	⬆ 20–40	Anspruchsloser, zauberhafter Dauerblüher in Lilablau mit spezifischem Geruch, den Katzen lieben. Graugrünes Laub. Rückschnitt im Juli bringt üppige Zweitblüte.
	Gelbbunter Salbei (*Salvia officinalis* 'Icterina')	❀ 6–7	⬆ 40	Küchensalbei ist eine alte Heil- und Gewürzpflanze. Die gelbpanaschierte (gefleckte) Sorte ist ebenso aromatisch und wirksam, aber dekorativer. Daneben gibt es auch andersfarbige Sorten.
	Heiligenkraut (*Santolina chamaecyparissus*)	❀ 7–8	⬆ 30–50	Der immergrüne, silberlaubige Halbstrauch ist schnittverträglich und gut als Einfassungspflanze geeignet. Das filigran gefiederte Laub duftet würzig. Gelbe knopfartige Blütenstände.
	Wollziest (*Stachys byzantina*)	❀ 7–8	⬆ 10–30	Samtweiche, weiß behaarte Blätter legen einen Silberschleier ins Beet. Die Staude bildet schnell Teppiche. Sie ist auf nährstoffreichen Böden nur kurzlebig.
	Feldthymian (*Thymus serpyllum*)	❀ 6–7	⬆ 5–10	Überzieht mit seinen aromatischen niedrigen Teppichen oder Polstern auch größere Flächen. Braucht Sonne pur!
	Königskerze (*Verbascum bombyciferum*) ⊚	❀ 6–8	⬆ 120–180	Beeindruckende zweijährige Pflanze. Im ersten Jahr erscheinen riesige Rosetten aus weißfilzig behaarten Blättern, im zweiten Jahr die imposanten Blüten.
	Blauschwingel (*Festuca cinerea*)	❀ 6–7	⬆ 30/50*	Die bläulichen Halme bilden halbkugelförmige Polster. Im Frühjahr Verwelktes ausputzen, nach der Blüte die braunen Rispen zurückschneiden.

Weitere Alternativen für vollsonnig-trockene Plätze:
Viele Thymiane z. B.: Gewöhnlicher Thymian *(Thymus vulgaris)*, Zitronen-Thymian *(T. citriodorus)*, Quendel *(T. puleigoides)*, außerdem Polsternelken wie Pfingstnelke *(Dianthus gratianopolitanus)*, Heidenelke (D. deltoides), Karthäusernelke *(D. carthusianorum)*, Grasnelke *(Armeria maritima)* sowie Bergkamille *(Anthemis narschalliana)*, Bartfaden *(Penstemon barbatus)*.

⊙ = Einjährige Pflanze, ⊚ = Zweijährige Pflanze, ⓩ = Zwiebelblume, ❀ = Blütezeit, ⬆ = Höhe (in cm), * Blatt/Blütenhöhe, ⊗ = frostfrei überwintern

Natürlich gibt es Alternativen, das Spektrum der Möglichkeiten für die problematischen trockenenen Standorte ist mit unserem Pflanzvorschlag keineswegs erschöpft. Wem die gelegentlichen Düngergaben für die Goldgarbe zu aufwändig erscheinen, kann stattdessen die prächtige Steppen-Wolfsmilch setzen. Sie öffnet ab Juli am Ende langer, blaugrün benadelter Triebe große limonengelbe Blütenschirme, die bis in den Spätherbst hinein äußerst dekorativ bleiben und hervorragendes Füllmaterial für Sträuße ergeben.

Die Gattung Wolfsmilch bietet aber noch mehr asketische Arten für trockene Standorte. Die Palisaden-Wolfsmilch *(Euphorbia characias)* etwa schmückt ihre imposante, 80 bis 120 Zentimeter hohe Erscheinung mit silbergrauen Blättern und grün-gelbem Flor. Die Primadonna eignet sich auch gut für Soloauftritte, braucht allerdings in frostigen Lagen etwas Winterschutz. Walzen- und Gold-Wolfsmilch, ebenfalls gelb blühend, bleiben mit 20 bis 50 Zentimetern deutlich kleiner. Sie sonnen sich gern auf der Trockenmauer oder in der wärmenden Nähe von Steinen. Dort fühlen sich auch Pfingstnelken oder Grasnelken wohl. Sie würden in unserem Pflanzbeispiel den Thymian sowohl farblich als auch aromatisch gut ergänzen. Ins mediterrane Bild würden sich auch die silbertriebigen halbstrauchigen Blaurauten mit ihren herrlich lilablauen Blüten einfügen.

Gehören Sie zu den Menschen, die im Hochsommer immer verreist sind? Dann könnten Sie die Glanzzeit des vorgestellten Beetes kaum genießen. Im linken Teil des Pflanzvorschlags auf Seite 93 finden Sie ein Ensemble früh blühender Pflanzen, die ebenfalls auf sonnigen, durchlässigen Standorten gedeihen. Will man die Hauptblüte mehr Richtung Herbst verschieben, trifft man mit den pflegeleichten Bergastern eine gute Wahl. Sie leuchten von Juli bis September in strahlendem Rosa oder Violett und passen hervorragend zu den ebenfalls spät blühenden und trockenheitstoleranten Purpur-Fetthennen. Die Liste rechts stellt noch weitere Stauden für magere und heiße Plätze vor. Auch im Pflanzvorschlag auf Seite 111 finden Sie dekorative Arten, die auf sandigen Böden gedeihen. Lassen Sie sich außerdem vom Kapitel »Kräuter« (Seite 38 f.) anregen.

Es müssen nicht immer Stauden sein. Auch im übrigen Pflanzensortiment gibt es Arten, die solchen Standorten gewachsen sind.

- Viele früh blühende **Zwiebelblumen** brauchen sandige Böden, damit die Zwiebeln nicht faulen (siehe S. 44 ff.).
- Unter den ein- und zweijährigen **Sommerblumen** kann man Islandmohn, Goldmohn, Duftsteinrich, Strohblume und Goldlack getrost »auf Sand bauen«.
- Unter den Ziergehölzen eignen sich Ginster, Tamariske, Ahorn und Birke.

Weitere Pflanzen für heiße, sonnig-trockene Standorte

- **Felsen-Steinkraut** *(Aurinia saxatilis)*: 25–40 cm, Blüten gelb, duftend, 4–5
- **Perlkörbchen** *(Anaphalis triplinervis)*: 20–50 cm, weiße Blütenköpfchen, 7–9
- **Edelraute** *(Artemisia arborescens)*: 50–100 cm, Blüten unscheinbar, Laub gefiedert, silbrig, aromatisch
- **Bergaster** *(Aster amellus)*: 40–60 cm, Blüten lila, violett, rosa, 7–9
- **Blaukissen** *(Aubrieta*-Hybriden*)*: 5–15 cm, Blüten lila, violett, rosa, 4–5
- **Filziges Hornkraut** *(Cerastium tomentosum)*: 10–15 cm, Blüten weiß, 5–6
- **Walzen-Wolfsmilch** *(Euphorbia myrsinitis)*: 15 –20 cm, Blüten gelb, 4–5
- **Gold-Wolfsmilch** *(Euphorbia polychroma)*: 30–50 cm, Blüten gelb, 4–5
- **Steppen-Wolfsmilch** *(Euphorbia seguieriana)*: 50–80 cm, Blüten gelb, 7–10
- **Schleifenblume** *(Iberis sempervirens)*: 15–30 cm, Blüten weiß, 4–5, immergrün
- **Bart-Iris** *(Iris*-Germanica-Hybriden*)*: 40–120 cm, viele Blütenfarben, 5–6
- **Prachtscharte** *(Liatris spicata)*: 40–90 cm, Blüten violettrosa, 7–9
- **Blauraute** *(Perovskia abrotanoides)*: 50–100 cm, Blüten lilablau, 7–9
- **Fetthenne** *(Sedum telephium)*: 40–60 cm, Blüten rosa, purpur, rot, 8–10
- **Hauswurz** *(Sempervivum*-Hybriden*)*: 10–20 cm, Blüten rosa, rot, immergrüne, teils bunte Blattrosetten, 6–7
- **Ehrenpreis** *(Veronica spicata)*: 20–40 cm, Blüten blau, rosa o. weiß, 6–9

Schatten & Halbschatten

Erfrischend und wohltuend empfindet man an heißen Sommertagen ein sonnengeschütztes Plätzchen im Garten. So haben die dunklen Seiten im grünen Reich bei Licht betrachtet sogar Vorteile. Mit den richtigen Pflanzen entstehen auch hier farbige Beete oder naturnahe Urwald-Atmosphäre.

Gehölzrandstauden wie die Strahlenanemone lieben wechselnde Lichtverhältnisse.

Wenn der Garten reifer wird, wachsen mit den Gehölzen auch die Schattenbereiche.

Wer schwarz sieht, wenn er einen Schattengarten erwirbt, ist also selbst schuld. Schließlich bietet die Natur zahlreiche Beispiele, wie man Farbe und Leben ins Dunkel bringt. Viele Stauden, Farne und Gräser sind auf den Standort Wald spezialisiert. Sie sind geringe Sonneneinstrahlung, hohe Luft- und Bodenfeuchte sowie die damit verbundene Kühle, aber auch humusreiche Böden gewöhnt, wie sie der ständige Laubfall im Wald mit sich bringt. Sie dürfen daher im Garten Falllaub ebenfalls getrost liegen lassen! Das schätzt auch das große Heer der Gehölzrandbewohner, die das lebhafte Wechselspiel von Sonne und Schatten zum Gedeihen brauchen. Ihre flach laufenden Wurzeln nehmen durch Hacken und Rechen nur unnötig Schaden. Und wenn der Garten im Schatten von Gebäuden liegt? Dann macht das auch nichts. Gerade die stattlichen Halbschatten-Gewächse, wie Astilben, Fingerhut, Silberkerzen oder Eisenhut, gedeihen dort sogar umso prächtiger, weil sie keiner Wurzelkonkurrenz ausgesetzt sind.

Im nebenstehenden Beispiel blüht es fast rund um das Jahr. Den Anfang machen Lenzrose, Schneeglöckchen und Buschwindröschen im Februar/März. Im April/Mai gesellen sich Akeleien, Tränendes Herz, Purpurglöckchen und Bergenie dazu. Im Hochsommer dominieren die stattlichen Stauden das Bild (siehe Grafik), während den Saisonausklang der Eisenhut prägt.

Pflanzplan zum Pflanzvorschlag Seite 25

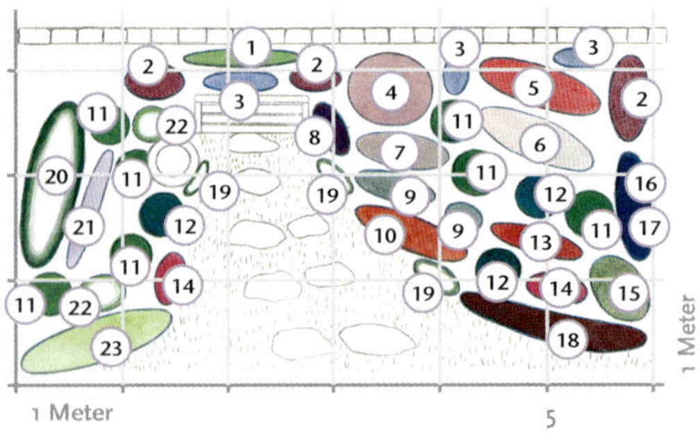

Kühler Sitzplatz für heiße Tage

1. Efeu *(Hedera helix)*
2. Fingerhut *(Digitalis purpurea)*
3. Herbst-Eisenhut *(Aconitum carmichaelii)*
4. Samt-Hortensie *(Hydrangea aspera)*
5. Prachtspiere *(Astilbe-*Arendsii-Hybride) – dunkelrosa, hoch z. B. 'Cattleya', 'Amethyst'
6. Prachtspiere *(Astilbe-*Arendsii-Hybride) – hellrosa, mittelhoch z. B. 'Grete Püngel', 'Erika'
7. Sterndolde *(Astrantia major)*
8. Purpurglöckchen *(Heuchera micrantha* 'Palace Purple')
9. Japansegge *(Carex morrowii* 'Variegata')
10. Teppich-Astilbe *(Astilbe chinensis var. pumila)*
11. Trichterfarn *(Matteucia struthiopteris)*
12. Weißrand-Funkie *(Hosta-*Hybride 'Patriot')
13. Tränendes Herz *(Dicentra spectabilis)*
14. Lenzrose *(Helleborus-Orientalis-*Hybride)
15. Bergenie *(Bergenia-*Hybride z. B. 'Eroica')
16. Waldglockenblume *(Campanula latifolia)*
17. Weiße Waldglockenblume *(Campanula latifolia var. macrantha* 'Alba')
18. Purpur-Günsel *(Ajuga reptans* 'Atropurpurea')
19. Schneeglöckchen *(Galanthus nivalis)*
20. Waldgeißbart *(Aruncus dioicus)*
21. Akelei *(Aquilegia-*Hybriden)
22. Waldschmiele *(Deschampsia cespitosa* 'Goldschleier')
23. Weißes Buschwindröschen *(Anemone nemorosa)*

(Porträts siehe Tabelle Seite 26/27)

- **Thema:** Blütenreicher Gartenbereich in halbschattiger bis schattiger Lage.
- **Blütezeit:** Von Februar bis Oktober; die Grafik zeigt das Beet etwa Juli/August.

Wer auf der Bank sitzt, genießt rechterhand den Schatten hoher Bäume. Davor gruppiert sich eine naturnahe Pflanzung aus Waldgeißbart, Farnen, Gräsern, Akeleien und Buschwindröschen (beide bereits verblüht), die Waldrandstimmung verbreitet. Eine Weißrand-Funkie leuchtet im Grün. Die Sitzbank und den Beetteil linkerhand taucht die efeuberankte Mauer für viele Stunden des Tages in den Schatten. Die Hauptrolle auf dieser Seite spielt die Samt-Hortensie. Daneben leuchten Stauden, wie Astilben, Waldglockenblumen, Sterndolden und Fingerhut farbenfroh um die Wette. Schon im Frühjahr verblühen Tränendes Herz und Günsel. Im Spätherbst hat der Eisenhut seinen Auftritt. Der Blattschmuck von Purpurglöckchen, Purpur-Günsel und herbstroter Bergenie untermalt stimmig das rosa-violette Blütenspektrum.

Pflanzen für Halbschatten und Schatten (Porträts zum Pflanzvorschlag Seite 25)

Herbst-Eisenhut *(Aconitum carmichaelii)*	Purpur-Günsel (*Ajuga reptans* 'Atropurpurea')	Akelei (*Aquilegia*-Hybriden)	Waldgeißbart *(Aruncus dioicus)*	Prachtspieren (*Astilbe*-Arendsii-Hybriden)	Teppich-Astilbe (*Astilbe chinensis* var. *pumila)*
✿ 9–10	✿ 4–6	✿ 5–6	✿ 6–7	✿ 6–9	✿ 8–10
⬆ 100–140	⬆ 15–20	⬆ 40–70	⬆ 150–200	⬆ 50–100	⬆ 25–35
Billdet auch noch im tiefsten Schatten üppige Horste. Die späte Blüte seiner intensiv blauen Rispen macht ihn wertvoll für die Gestaltung. Braucht reichlich Nährstoffe und Wasser. Stark giftig!	Von der heimischen Wildstaude gibt es inzwischen viele Sorten. Das wintergrüne Laub von 'Atropurpurea' schimmert rotbraun. Der Günsel braucht lichten Schatten und bildet durch Absenker dichte Teppiche.	Sie wirken verspielt und zart mit ihren extravaganten, gespornten Blüten auf dünnen Stängeln. Es gibt Sorten in vielen Farben. Die Pflanzen ziehen nach der Blüte bald ein, deshalb andere Pflanzen davorsetzen.	Imposante, wuchtige Waldstaude mit fedrigen, cremeweißen Blütenrispen und großen gefiederten Blättern. Kommt im tiefen Schatten am besten zur Geltung. In Trockenperioden gelegentlich wässern.	Beleben lichtschattige Plätze mit ihren auffälligen Blütenwedeln in vielen leuchtenden Farben. Sie vertragen keinen Wurzeldruck durch Gehölze. Es gibt zahlreiche Sorten in unterschiedlicher Höhe und Blütezeit.	Der anpassungsfähige Bodendecker breitet sich durch Ausläufer über große Flächen aus, wuchert aber nicht. Seine straff aufrechten, lilarosa Blütenrispen erheben sich über dekorativ geschlitzten und gefiederten Blättern.

Sterndolde *(Astrantia major)*	Bergenie (*Bergenia*-Hybriden)	Waldglockenblume *(Campanula latifolia)*	Tränendes Herz *(Dicentra spectabilis)*	Lenzrose (*Helleborus*-Orientalis-Hybriden)	Purpurglöckchen (*Heuchera micrantha* 'Palace Purple')
✿ 6–8	✿ 4–5	✿ 6–7	✿ 5–6	✿ 2–4	✿ 5–7
⬆ 50–70	⬆ 30–40	⬆ 80–100	⬆ 60–80	⬆ 20–25	⬆ 40–70
Heimische Wildstaude mit silbrig-weißen Blütensternchen, die sich auch gut für die Vase eignen. Sie braucht viel Wasser und im Frühjahr eine Startdüngung. Keine Sandböden.	Problemlose Staude mit wintergrünen, lederartigen, fleischigen Blättern, die sich im Herbst rötlich verfärben. Gedeiht an sonnigen Plätzen ebenso wie im tiefen Schatten. Blüht purpurrot, rosa oder weiß.	Die sehr attraktive heimische Wildstaude bildet große, aufrechte Horste mit Rispen aus blauvioletten Glockenblüten. Die Sorte *C. l.* var. *macrantha* 'Alba' blüht reinweiß. Vorsicht vor Schnecken!	Charmante Blütenherzen hängen an bogigen Trieben. Liebt lichten Schatten. Nach der Blüte zieht die Staude ein und hinterlässt Lücken, daher entsprechend benachbarn.	Winter ade! Ab Februar öffnen sich rosa, weiß oder burgunderrot gefärbte, mitunter gesprenkelte Blüten. Hübsche handförmig geteilte Blätter bilden dichte Horste. Kalkliebend.	Das prächtige rot-violette Laub ist ihr Markenzeichen. Es ist unterseits karminrosa gefärbt. Zierliche weiße Blütenglöckchen an straff aufrechten Stielen stehen im Kontrast dazu.

⊙ = Einjährige Pflanze, ⊙ = Zweijährige Pflanze, Ⓩ = Zwiebelblume, ✿ = Blütezeit, ⬆ = Höhe (in cm), * Blatt/Blütenhöhe, ⊗ = frostfrei überwintern

Pflanzen für Halbschatten und Schatten (Porträts zum Pflanzvorschlag Seite 25)

Weißrand-Funkie
(*Hosta*-Hybriden)

❀ 6–7

⬆ 40–60

Funkien gibt es in unzähligen Sorten und Laubfarben, ob gelbgrün, blaugrün, grün-gelb- oder grün-weiß panaschiert. 'Patriot' besticht durch einen breiten weißen Rand um die sehr dunkle Blattmitte. Auch gut im Topf!

Fingerhut
(Digitalis purpurea) ⊙

❀ 6–7

⬆ 100–140

Blüht erst im zweiten Standjahr, erhält sich jedoch durch Selbstaussaat. Blüht pastellrosa, karmin oder weiß mit braunen Flecken im Blüteninneren. Stark giftig!

Trichterfarn, Straußfarn
(Matteuccia struthiopteris)

—

⬆ 60–120

Die frischgrünen Wedel rollen sich im Frühjahr malerisch auf und öffnen sich zu überhängenden Trichtern. Bildet Ausläufer und breitet sich so von alleine aus. Liebt humosen Boden. In Trockenperioden wässern.

Japansegge
(*Carex morrowii* 'Variegata')

❀ 6–7

⬆ 30/40*

Das bezaubernde immergrüne Gras wächst in flachen breiten Horsten. Die Halme schmückt ein cremeweißer Streifen am Rand. Gedeiht auch noch in vollschattigen Bereichen. In Trockenperioden gießen.

Waldschmiele
(Deschampsia cespitosa)

❀ 6–7

⬆ 40/90*

Die Sorte 'Goldschleier' bringt mit ihrem zarten, silbergrünen bis goldgelben Blütenschleier Licht und Leichtigkeit in den dunklen Waldgarten. Die Horste aus überhängenden Halmen verfärben sich im Herbst gelb.

Weißes Buschwindröschen
(Anemone nemorosa) ⓩ

❀ 3–4

⬆ 15–25

Wächst am schönsten, wenn man es in Ruhe lässt. Die heimische Wildstaude mit ihren schneeweißen Blüten bildet gerne ausgedehnte Kolonien unter Laubgehölzen, zieht nach der Blüte jedoch ein. Schwach giftig!

Schneeglöckchen
(Galanthus nivalis) ⓩ

❀ 2–4

⬆ 10–15

Der zart duftende Frühblüher ist ein typisches Gehölzrandgewächs. Es braucht frühjahrshelle, kühle Plätze. Wo es ihr gefällt verwildert die Pflanze. Verträgt keine sandigen Böden.

Efeu
(Hedera helix)

❀ 9–10, ca. ab 10. Jahr

⬆ Kletterer, bis 30 m

Der immergrüne Senkrechtstarter zieht sich mittels Haftwurzeln von alleine an Mauern hoch. Ohne Klettermöglichkeit breitet er sich als Bodendecker aus. Wächst auch im tiefen Schatten.

Samt-Hortensie
(Hydrangea aspera)

❀ 7–9

⬆ 150–300

Der Name kommt von den unterseits samtig behaarten, bis zu 35 cm langen, eiförmigen Blättern. Die Blüten erreichen 25 cm Durchmesser. Liebt geschützte Plätze auf gut wasserversorgten Böden.

Weitere Alternativen für halbschattige und schattige Plätze: Strahlenanemone *(Anemone blanda)*, Herbst-Anemone (*Anemone*-Japonica-Hybriden), Juli-Silberkerze *(Cimicifuga racemosa)*, Immergrüne Elfenblume *(Epimedium pinnatum)*, Waldmeister *(Galium odoratum)*, Leberblümchen *(Hepatica transsylvanica)*, Nachtviole *(Hesperis matronalis)*, Salomonsiegel (*Polygonatum*-Hybriden), Gelber Scheinmohn *(Meconopsis cambrica)*, Efeublättriges Alpenveilchen *(Cyclamen hederifolium)*, Dreiblattspiere *(Gillenia trifoliata)*.

Waldstimmung mit ostasiatischem Touch: Rhododendren und Farne.

Wenn Ihr Boden sauer ist,

ist das kein Grund, beleidigt zu sein. Das bedeutet nur, dass er mehr positiv geladene Wasserstoff-Ionen enthält, als negativ geladene Tonminerale. Keine Angst, man braucht nicht weiter in die Wissenschaft einzusteigen. Ganz einfach drücken sich die Säureverhältnisse im pH-Wert aus, einer Zahl zwischen 1 und 14. Der pH-Wert lässt sich über Schnelltests einfach ermitteln. Wer eine Bodenanalyse machen lässt, erfährt ihn ganz nebenbei.

Die meisten Gartenböden liegen im pH-Wert um den Neutralpunkt herum, zwischen 6,5 und 7,5. In diesem Bereich gedeihen auch die meisten Pflanzen am besten. Alkalische Böden findet man meist über kalkhaltigem Gestein. Daher bevorzugen viele Gebirgs- und Steingartenpflanzen leicht alkalische Verhältnisse. Bei einem pH-Wert unter 6 spricht man von sauren Böden. In der Natur findet man saure Standorte auf sandigen Heideböden, in Hochmooren sowie in Waldgebieten kühl-feuchter Regionen.

Den ultimativ pflegeleichten

Rhododendron- und Azaleengarten können Sie verwirklichen, wenn Ihr Gartenboden sauer ist. Und darum wird Sie der »Normalgärtner« beneiden. Er muss nämlich erst einen Bodenaustausch in größerem Umfang durchführen. Auf neutralen oder alkalischen Böden leiden Rhodo & Co ansonsten früher oder später unter Chlorose. Das ist eine Mangelerscheinung, die man an gelb verfärbten Blättern erkennt.

Ergänzen kann man die Halbschatten liebenden Immergrünen mit Wurmfarn oder Königsfarn *(Osmunda regalis)* und so besonders edle Waldstimmungen erzeugen. Auch Garten-Hortensien *(Hydrangea macrophylla)* lieben leicht saure Böden und verblüffen durch ein Kuriosum. Einige Sorten blühen auf sauren Böden blau. Steigt der pH-Wert, färben sie nach Rosa um. Auf weniger humosen, sonnigeren Böden bieten Heidekrautgewächse, Ginster und Wacholder *(Juniperus)* farbige Alternativen.

Einige Sorten der Gartenhortensie blühen unter sauren Bedingungen blau, bei alkalischen rosa.

Teich und Sumpfbeet

Nasse Füße sind nicht jedermanns Geschmack. Das gilt auch für Pflanzen. Doch ehe Sie aufwändige Drainagen legen, nehmen Sie die Dinge lieber wie sie sind. Gestalten Sie ein Sumpfbeet aus wasserfesten Blühern. Sie werden überrascht sein, wie vielfätig und farbenfroh Ihr Überschwemmungsgebiet aussehen kann.

Wo sich das Wasser sammelt,

steht häufig schwerer, lehmig-toniger Boden an. Vielleicht ist das Gelände auch noch leicht abschüssig, der Grundwasserspiegel relativ hoch, oder in der Nähe befindet sich ein natürliches Gewässer, ein Bach oder Teich. Doch während der Gartenteich als »Biotop« jahrelang Gärtners Liebling war, gehegt und gepflegt wurde, erklärt man feuchte, gelegentlich überschwemmte Gartenzonen schnell zum Problemgebiet.

Ein Teich im Garten ist nach wie vor beliebt. Viele Stauden gedeihen dort nah am und im Wasser.

Doch das ist vorschnell geurteilt. Wer schon einmal die üppige Vegetation entlang natürlicher Bach- und Teichufer bewundert hat, ahnt die Fülle der Möglichkeiten. Viele Stauden lieben feuchte Böden, einige sogar nasse oder ab und an überflutete Standorte. Jedem Feuchtigkeitsgrad ist ein Kraut gewachsen. Ergänzt werden Wildstauden, wie Sumpfschwertlilie, Sumpfdotterblume oder Blutweiderich, durch prächtige Zuchtformen, etwa Trollblumen oder Taglilien, Blattschmuckstauden und Ziergräser.

Dichte Laubdecke mit dekorativen Blüten: Kerzen-Ligularie, Schaublatt und Funkie.

Der folgende Pflanzvorschlag besteht aus Wasserliebhabern. Viele Arten davon bevorzugen lehmig-tonige Böden. Sie säumen einen natürlichen Teichrand, mit fließendem Übergang vom Wasser zum festen Boden, je nach Pegelstand. Vorsicht, für angelegte Teiche, etwa aus Kunststoff-Fertigteilen oder Kunststoff-Folie, die in trockenere Böden eingebettet sind, eignet sich dieser Pflanzvorschlag nicht!

Blütenpracht für feuchte Standorte

1. Chinaschilf (*Miscanthus sinensis* 'Zebrinus')
2. Sumpfschwertlilie *(Iris pseudacorus)*
3. Sumpfdotterblume *(Caltha palustris)*
4. Kaukasus-Vergissmeinnicht *(Brunnera macrophylla)*
5. Frauenmantel *(Alchemilla mollis)*
6. Taglilie *(Hemerocallis minor)*
7. Strauß-Ligularie *(Ligularia dentata)*
8. Blutweiderich *(Lythrum salicaria)*
9. Wiesen-Storchschnabel *(Geranium pratense)*
10. Kerzen-Ligularie *(Ligularia przewalskii)*
11. Blaublatt-Funkie (*Hosta sieboldiana* 'Elegans')
12. Rosarotes Schaublatt *(Rodgersia henryci)*
13. Japansegge (*Carex morrowii* 'Variegata')
14. Wiesenris *(Iris sibirica)*
15. Goldfelberich *(Lysimachia punctata)*
16. Trollblume (*Trollius*-Hybride)

(Porträts siehe Tabelle Seite 31)

- **Thema:** Feuchter bis nasser Boden am Teichrand in halbschattiger Lage.
- **Blütezeit:** Von März bis Oktober; die Grafik zeigt die Pflanzung im Mai/Juni.

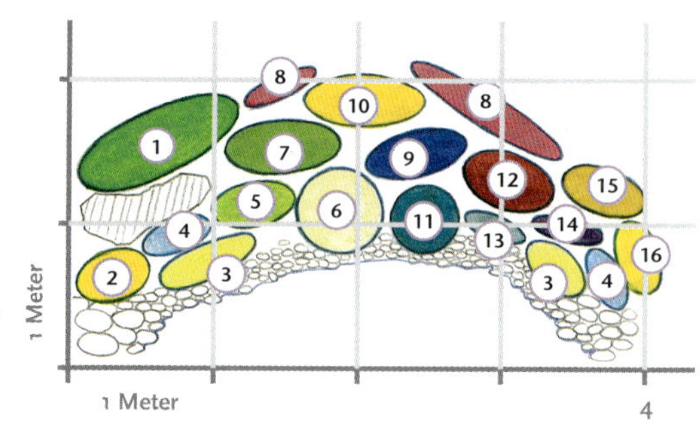

An diesem natürlichen Teichrand stehen die Sumpfdotterblumen, je nach Pegelstand, gelegentlich im Flachwasser. Gräser, Funkien und Taglilien säumen malerisch überhängend das Ufer. Im März eröffnet das Kaukasus-Vergissmeinnicht den Blütenreigen. Im April/Mai gesellen sich Sumpfdotterblume, Trollblume, Wieseniris, Schwert- und Taglilien dazu, im Juni Frauenmantel, Wiesen-Storchschnabel, Schaublatt und Goldfelberich. Ligularien und Blutweiderich im Hintergrund blühen erst im Hochsommer farbig auf.

Pflanzen für feuchte Standorte (Porträts zum Pflanzvorschlag Seite 30)

Frauenmantel *(Alchemilla mollis)*	Kaukasus-Vergissmeinnicht *(Brunnera macrophylla)*	Sumpfdotterblume *(Caltha palustris)*	Wiesen-Storchschnabel *(Geranium pratense)*	Taglilie *(Hemerocallis minor)*	Blaublatt-Funkie *(Hosta sieboldiana)*	Sumpfschwertlilie/ Wieseniris *(Iris pseudacorus/ Iris sibirica)*
❀ 6–8	❀ 3–5	❀ 4–5	❀ 6–7	❀ 5–6	❀ 7–8	❀ 5–6
⬆ 30–50	⬆ 30–50	⬆ 20–30	⬆ 50–120	⬆ 70–90	⬆ 60–60	⬆ 40–120
Unschlagbar flexible, vielseitige und pflegeleichte Staude! Gedeiht im Schatten wie in der Sonne. Bildet halbkugelige Horste aus großen, dekorativen rundlichen Blättern.	Absolut pflegeleicht! Blüht über Wochen leuchtend blau, braucht keinerlei Pflege und breitet sich von selbst durch zahlreiche Sämlinge aus. Liebt lehmig-tonige Böden.	Die heimische Sumpfpflanze wächst häufig wild an Bachufern. Sie gedeiht auch noch im seichten Wasser und bevorzugt schwere, lehmig-tonige Böden. Die Pflanze ist in allen Teilen giftig.	Mag schwere lehmige, auch tonige Böden. Die heimische Staude versamt sich stark. Hübsches, tief eingeschnittenes, gefächertes Laub. Die Sorte 'Kendall Clark' blüht himmelblau.	Bezaubernde Wildart, die sich überreich mit kleinen zitronengelben Blüten schmückt. Das schmale Laub biegt sich grasartig über. Bevorzugt nährstoffreiche Lehmböden.	Die blaue Blattfarbe z.B. der Sorte 'Elegans' entwickelt sich am allerschönsten im kühlen, luftfeuchten Halbschatten. Liebt humosen, lehmigen Boden. Vor Schnecken schützen!	Die blaue Wieseniris, mit ihren duftenden Blüten und dem grasartigen Blatt bevorzugt nasse Standorte. Die gelbe Sumpfschwertlilie fühlt sich sogar an überschwemmten Orten wohl.

Strauß-Ligularie/ Kerzen-Ligularie *(Ligularia dentata/ L. przewalski)*	Goldfelberich *(Lysimachia punctata)*	Blutweiderich *(Lythrum salicaria)*	Rosarotes Schaublatt *(Rodgersia henryci)*	Trollblume (*Trollius*-Hybriden)	Japansegge (*Carex morrowii* 'Variegata')	Zebraschilf (*Miscanthus sinensis* 'Zebrinus')
❀ 7–9	❀ 6–9	❀ 7–9	❀ 6–7	❀ 4–6	❀ 6–7	❀ 9–10
⬆ 100–150	⬆ 80–120	⬆ 80–140	⬆ 50–100	⬆ 40–70	⬆ 20/30*	⬆ 150–200
Große herzförmige Blätter und gelbe Blütenbüschel zieren die Strauß-Ligularie. Ihre Schwester trägt hohe Blütenkerzen und eingeschnittenes Laub.	Bevorzugt lehmig-tonige Böden in halbschattiger, aber auch sonniger Lage. Neben kräftige Nachbarn setzen, breitet sich über Ausläufer stark aus.	Bienen und Schmetterlinge lieben die heimische Staude. Sie gedeiht auch in überfluteten Bereichen, in der Sonne wie im Halbschatten.	Ornamentale Waldstaude mit riesigen, handförmig geteilten Blättern, die bronzefarben austreiben. Braucht nährstoffreiche Böden.	Der knalliggelbe Frühlingsblüher liebt nährstoffreiche, lehmig-humose Böden. Das dekorative, zerteilte Laub zieht nach der Blüte ein. Stark giftig!	Eines der schönsten immergrünen Gräser mit weiß geränderten Halmen. Wird im Alter breiter als hoch. Gedeiht am besten in humoser, lehmiger Erde.	Mit seinen gelben Querstreifen wirkt diese Sorte besonders heiter. Chinaschilf braucht nährstoffreiche Böden und liebt Sonne. Im Frühjahr schneiden.

⊙ = Einjährige Pflanze, ⊙ = Zweijährige Pflanze, ② = Zwiebelblume, ❀ = Blütezeit, ⬆ = Höhe (in cm), * Blatt/Blütenhöhe, ⊗ = frostfrei überwintern

Aus der Fülle des Sortiments clever wählen

Die Auswahl an Blütenpflanzen ist fast unendlich, Ihre Freizeit jedoch nicht. Drum prüfe, wer sich bindet! Damit noch Zeit für die Hängematte bleibt.

Stauden

Blütenvielfalt für alle Zwecke und Situationen

Schafgarben und Storchschnabel sind nur zwei Beispiele für Farben- und Formenvielfalt.

Welche Blüten sollen es denn sein?

Farbenfroh und üppig wünscht man sich den Blumengarten, aber eben auch möglichst arbeitsarm. Das Pflanzenangebot ist riesig. Die Auswahl überfordert nicht nur Anfänger. Ziergehölze, Stauden, Sommerblumen, Zwiebelpflanzen – alle liefern imposante Blüten.

Überlegungen zum Standort (siehe Seite 10–17) sind das A und O für ein gutes Verhältnis zwischen Aufwand und Erfolg. Darüber hinaus gilt es, aus den einzelnen Gruppen die Vertreter auszuwählen, die auch ohne viel Zuwendung eine gute Figur im Garten machen. Wer jetzt glaubt, Prachtstauden oder Rosen fallen damit automatisch flach, der irrt. Lassen Sie sich nicht entmutigen, wenn Ihr Nachbar seine Exemplare permanent mit Schere, Spritze, Gießkanne und Stützen behandelt. Gönnen Sie ihm seine Leidenschaft, wenn er die Zeit dazu hat. Dennoch brauchen auch bequemere Gärtner nicht auf die Königin der Blumen oder andere Blüten-Highlights im Garten zu verzichten. Es gibt in allen Pflanzengruppen auch robuste und pflegeleichte Arten und Sorten.

Unübertroffen in ihrer Bandbreite

für den Blumengarten sind **Stauden**, sowohl was Blütezeit, Standortvielfalt, Formen und Farben angeht. Sie bieten einen schier unerschöpflichen Fundus zum Gestalten, der Fantasie und Kreativität kaum Grenzen setzt. Hier findet man Blüten für nahezu jeden Monat des Jahres, jeden Stil, ob nostalgisch oder modern, sowie für jede Boden- und Lichtsituation.

Pfingstrosen sind ein Highlight in jedem Staudengarten – hier 'Mme Verneville'.

Was ist eigentlich eine Staude?

Gärtner verstehen darunter Pflanzen, die im Sommer »krautige« Triebe bilden, die also nicht oder nur wenig verholzen. Während der Frostperiode sterben die oberirdischen Teile ab, der Wurzelballen überwintert jedoch und treibt im Frühjahr neu aus. Hat man Stauden erst einmal gepflanzt und den Standort passend gewählt, darf man viele Jahre Blüten genießen, ohne allzu viel Arbeit damit zu haben. Die Pflege der mehrjährigen Blüher beschränkt sich meist auf ein paar Handgriffe im Frühjahr und Herbst.

Etliche Arten, wie Pfingstrosen, Silberkerzen oder Christrosen, werden sehr alt und entwickeln mit zunehmendem Alter immer mehr Pracht. Andere, wie Lein oder Purpur-Sonnenhut, erweisen sich als relativ kurzlebig. Sie müssen alle paar Jahre wieder nachgepflanzt werden. Weitere wie Fingerhut oder Königskerzen gedeihen sogar nur zweijährig (siehe Seite 56). Viele davon versamen sich allerdings von alleine und sorgen so für ihren Erhalt.

Sein schönes, klares Blau macht den Rittersporn so wertvoll – eine klassische Prachtstaude.

Strahlen wie das Sonnenlicht: Sommermargeriten lassen sich vielfältig kombinieren.

Die reich blühende, pflegearme Sonnenbraut leuchtet in vielen warmen, satten Farbtönen.

Phlox 'Landhochzeit': Die Prachtstaude gibt es in vielen Sorten und Größen.

Zur besseren Übersicht

unterteilt man das riesige Heer der Stauden in verschiedene Gruppen, deren Übergänge jedoch fließend sind. Spricht man von **Prachtstauden**, denkt man in der Regel an hoch wachsende, großblütige Zuchtformen, die meist in vielen Sorten angeboten werden, wie Phlox oder Rittersporn. Sie zierten schon die üppigen Bauerngärten vergangener Zeiten und stellen hohe Ansprüche an Nährstoff- und Humusgehalt im Boden. **Wildstauden** dagegen ähneln ihren Ursprungsformen noch sehr stark. Sie verbreiten im Garten naturnahes Flair. **Bodendecker** bleiben niedrig, wachsen in die Breite und unterdrücken Unkrautbewuchs. **Blattschmuckstauden, Gräser** und **Kräuter** stellen die folgenden Seiten gleich noch näher vor.

Pflegepraxis Stauden

Die wichtigsten Handgriffe, damit der Blumengarten immer gut in Form bleibt, sollte man sich schon aneignen. Sie erleichtern Stauden und Gärtnern das Leben und erhöhen Genuss und Lebensfreude für beide Seiten. Keine Bange, es ist gar nicht so aufwendig.

Hoch wachsende Stauden brauchen mitunter eine Stütze, um nicht auseinander zu fallen.

Gute Bodenvorbereitung

hilft jungen Stauden schnell aus den Startlöchern. Man sollte die Pflanzstelle ein bis zwei Spaten tief auflockern und mit Kompost sowie je nach Standort auch weiteren Zusätzen verbessern (siehe Seite 14 f.). Entfernen Sie vor dem Einsetzen alle vorhandenen **Unkräuter samt Wurzeln**. Es ist nie mehr so einfach wie jetzt! Haben sich erst einmal Staudenballen und unerwünschte Plagegeister, wie Giersch oder Quecke, dicht ineinander verwoben, bleiben sie im wahrsten Sinne des Wortes unzertrennlich. Am besten pflanzt man früh blühende Arten im **Herbst** (September/Oktober), damit sie sich vor Frosteinbruch noch gut bewurzeln können. Spät blühende sowie kälte- und nässeempfindliche haben im **Frühjahr** (März/April) die besten Startchancen, etwa Herbst-Chrysanthemen, Astern oder Lavendel. Stauden im Container kann man aber während der ganzen Saison pflanzen, selbst im blühenden Zustand.

So werden Stauden gepflanzt:

1. **Gut wässern**
   Die Töpfe ganz untertauchen
2. **Austopfen**
   Ballen vorsichtig herauslösen
3. **Einpflanzen**
   Loch großzügig ausgraben
4. **Kräftig angießen**
   Mit dickem Strahl einschlämmen

Verteilen Sie die Töpfe zunächst auf der Fläche, um die Abstände auszurichten. Anschließend die Pflanzlöcher so tief ausgraben, dass der Wurzelballen rings herum noch etwa eine Hand breit Luft hat. Die Pflanze vorsichtig austopfen, verfestigte Ränder mit den Fingern etwas auflockern und beschädigte Wurzeln abschneiden. Halten Sie den Ballen ins Loch, schütten Sie Erde an und drücken Sie sie leicht fest. Die Pflanze sollte nicht höher oder tiefer im Boden stecken, als zuvor im Topf. Reichlich angießen.

Völliger Rückschnitt nach der ersten Blüte lässt Rittersporn ein zweites Mal treiben und blühen.

Nach dem Pflanzen sollte man die jungen Stauden noch eine Weile regelmäßig **wässern**, bis die Wurzeln gut Fuß gefasst haben und die Versorgungsfunktion alleine übernehmen können. Danach darf man standortgerecht gepflanzte Stauden weitgehend sich selbst überlassen. Nur während lang anhaltender Trockenperioden unterstützt man feuchtigkeitsliebende Arten mit der Gießkanne. Verwöhnen Sie sie aber nicht durch tägliche Wassergaben. Die Wurzeln bleiben sonst in der obersten Bodenschicht, anstatt in die Tiefe vorzudringen. Am effektivsten gießt man in den Morgen- und Abendstunden. Während der heißen Tageszeit geht durch Verdunstung zu viel von dem kostbaren Nass verloren.

Im Frühjahr zum Austrieb freuen sich alle Stauden – mit Ausnahme der Hungerkünstler – über eine reichliche **Kompostgabe** oder eine Handvoll organischen **Volldünger** als Starthilfe. Einige Arten, die im Frühsommer ihre Hauptblüte haben, wie Frauenmantel, Storchschnabel oder Heiligenkraut, kann man nach dem Verblühen kurz über dem Boden **komplett abschneiden**. Sie treiben dann neu durch und bilden wieder kompakte, dichte Polster, während sie ohne diese Maßnahme im Spätsommer etwas unansehnlich auseinanderfallen. Diese Kraftanstrengung sollte man durch eine zusätzliche Düngergabe unterstützen. Rittersporn, Sommersalbei, Margerite, Feinstrahl und Katzenminze lassen sich auf diese Weise sogar zu einer zweiten Blüte anspornen. Bei einigen Prachtstauden, wie Sonnenhut, Sonnenauge, Sonnenbraut und

Frisch gepflanzte Stauden regelmäßig wässern, bis sie richtig eingewurzelt sind.

Bart-Iris, fördert das Abschneiden einzelner, verwelkter Blüten den vermehrten Ansatz neuer, da die Pflanze ihre Kraft nicht in die Samenbildung stecken muss und verlängert damit die Blütezeit.

Sehr hoch wachsende Stauden werden im Laufe ihrer Entwicklung manchmal instabil und fallen auseinander, besonders auf ungünstigen Standorten. Um ihr Erscheinungsbild zu bewahren, brauchen sie **Stützhilfen**.

Über eine Startdüngung im Frühjahr zum Austrieb freuen sich die meisten Stauden.

Im Fachhandel gibt es verschiedene Modelle: an Stäben befestigte flexible Ringe, die man um die Pflanzenhorste legt, aber auch Gitter, durch die die einzelnen Stängel hindurchwachsen. Hohe Arten mit nur wenigen Trieben lassen sich auch an Stäben aufbinden. Mittlere und kleinere Pflanzen finden durch zwischengesteckte Reisigzweige ausreichend Halt. Raublattastern, Phlox, Sonnenbraut und Herbst-Chrysanthemen verleiht ein frühzeitiges Stutzen kompakteren Wuchs und mehr Halt.

TIPP

Über den Winter lässt man die abgestorbenen Triebe am besten stehen. Viele Stauden bieten mit ihren Samenständen attraktive Winterbilder, etwa Indianernessel, Fetthenne und Gräser. Man schneidet sie erst vor dem Neuaustrieb im Frühjahr bis zum Boden zurück. Jungpflanzen und frostempfindliche Arten schützt man mit einer Decke aus trockenem Laub und Reisig vor Winterschäden.

Kräuter, Kräuter, Kräuter

Der Top-Tipp für jeden Gärtner! Hier gilt das Motto: weniger ist mehr. Je sparsamer Sie wässern, düngen, päppeln, desto üppiger entfalten sich Wuchs, Duft und Inhaltsstoffe. Denn die Multitalente bieten mit dekorativen Blättern und Blüten nicht nur dem Auge Genuss, sondern mit ihrem Aroma auch Nase und Gaumen.

Die Triebe einfach kopfüber trocknen und als Würze, für Tees oder Duftsäckchen verwenden.

Duftende Kräuter bereichern Beete und Küche. In puncto Pflegeleichtigkeit sind sie Spitze.

Die Liste ihrer Vorzüge ist lang.

Die meisten Kräuter sind Zier-, Duft-, Heil- und Würzpflanze in einem. Ihr Auftritt gerät immer zum herrlich sinnlichen Erlebnis. Sie geben Suppe und Eintopf ebenso die Würze wie dem Ziergarten. Dafür sorgen auffällige Blüher, wie Lavendel, Borretsch oder Salbei, vor allem aber die interessanten Laubfarben und -formen vieler Arten. Das silbrige, filigran gefiederte Laub von Wermut oder Weinraute bringt duftige Akzente ins Beet. Gelb- oder weißbunte Blätter, etwa von Minze, Salbei oder Thymian, setzen farbige Highlights ins Grün. Und das Beste: Das herbe Aroma vieler Kräuter schreckt so manchen Schädling ab und schützt so andere Zierflanzen. Eine Beeteinfassung aus Kräutern erfüllt also neben der optischen auch eine nützliche Funktion.

Viele der besonders pflegeleichten Arten stammen aus Mittelmeerregionen und sind streng genommen Halbsträucher, denn sie verholzen an der Triebbasis. Dazu gehören Salbei, Oregano, Thymian und Bergbohnenkraut. Sie kamen schon im frühen Mittelalter mit den Mönchen über die Alpen und zogen in die Klostergärten ein. Nach wie vor schätzen sie viel Sonne und Wärme, ertragen aber auch Trockenheit und karge Böden (siehe Seite 18 f.). Andere, wie Fenchel, Zitronenmelisse oder Minze, benötigen zwar etwas üppigeren Boden, erweisen sich aber als ebenso pflegearm und ungeheuer vital.

Da die meisten Kräuter sehr wärmeliebend und als Jungpflanzen etwas kälteempfindlich sind, pflanzt man sie am besten erst nach den Eisheiligen Mitte Mai aus. Die beste Pflege besteht in häufigem Ernten. Dies fördert eine gute Verzweigung. Kreieren Sie doch Ihren eigenen Kräutertee oder Duftsäckchen für Badewanne und Kleiderschrank!

▼ Salbei

Salvia officinalis gehört zu den mediterranen Stars. Silbrig überhauchte Blätter und violett-blaue Blüten machen den 30 bis 70 Zentimeter hohen Halbstrauch im Beet attraktiv. Gelb oder weiß panaschierte (gefleckte), purpur überlaufene oder gar dreifarbige Sorten erhöhen den Zierwert des Hungerkünstlers noch. Er liebt pralle Sonne.

◄ Minze

Schier unüberschaubar ist die Vielfalt an Arten und Sorten. Das Foto zeigt die panaschierte Form *Mentha rotundifolia* 'Variegata'. Blatt- und Wuchsformen sind ebenso zahlreich wie die Geschmacksnuancen, die von fruchtig über scharf bis schokoladig reichen. Minzen brauchen eher feuchte, nahrhafte, humose Böden in Sonne oder Halbschatten.

Weitere aromatische Kräuter:

- **Bergbohnenkraut** *(Satureja montana)* – 40 cm hoch, immergrün, magerer Boden, Sonne.
- **Borretsch** *(Borago officinalis)* – einjähriges Kraut, 60 bis 80 cm, blaue Blütensterne.
- **Estragon** *(Artemisia dranunculus)* – 60 bis 150 cm hoch, schmale Blätter, nahrhafter Boden.
- **Thymian** *(Thymus vulgaris)* – 20 bis 40 cm, viele Formen und Blattfarben, Hungerkünstler.
- **Weinraute** *(Ruta graveolens)* – blaugrünes, gefiedertes Laub, 50 bis 70 cm, kalkhaltige Erde.
- **Wermut** *(Artemisia absinthium)* – filigranes Laub, bis 100 cm hoch, sonnige, magere Plätze.
- **Zitronenmelisse** *(Melissa officinalis)* – 50 bis 100 cm, buntlaubige Sorten, humoser Boden.

► Oregano

Das typische Pizza-Gewürz überzeugt nicht nur in der Küche. Es bildet breite, 30 bis 50 Zentimeter hohe Polster aus fein behaarten Blättern und von Juli bis September kleine rosa oder weiße Blüten. Es gibt viele Sorten, darunter auch eine gelblaubige (*Origanum vulgare* 'Aureum'). Alle sollte man im Frühjahr komplett zurückschneiden.

▲ Lavendel

Der Duft der Provence! Tiefblaue Blütenähren (Juli/August) über silbrigen Nadelblättern machen *Lavandula angustifolia* unwiderstehlich, sein Aroma unentbehrlich. Hervorragender Begleiter und Bodyguard für Rosen! Der bis 60 Zentimeter hohe Halbstrauch bevorzugt leicht kalkhaltige, sandige Erde in vollsonniger Lage. Rückschnitt im Frühjahr.

Blattschmuckstauden & Bodendecker

Als Stimmungsmacher fungieren sie im Blumengarten. Sie schaffen durch auffällige Formen, Texturen oder Laubfarben Atmosphäre, sind immer präsent, vermitteln zwischen schwierigen Blütenpartnern, sorgen für eine wirksame Kulisse und nehmen dem Gärtner weitgehend das Unkrautjäten ab.

Dekorative Laubformen zieren Beete während der ganzen Saison.

Gezielte Laubauswahl schafft Flair. Großlaubige verbreiten tropische, urwaldartige Stimmung, filigran Beblätterte zaubern dagegen Leichtigkeit und flirrende, impressionistische Effekte ins Beet.

Für alle, die Gartenarbeit rationalisieren wollen, sind Großlaubige wie Farne, Funkien, Bergenien oder Frauenmantel erste Wahl. Sie wachsen zuverlässig und üppig, auch bei wenig Fürsorge. Im Beet vermitteln sie zwischen Blütenfarben, die »sich beißen«, und sorgen mit ihrem satten Grün für Ruhepole im Blumenmeer. Nach dem Verblühen ihrer Partner tritt ihre Pracht optisch in den Vordergrund. Der nützliche Aspekt: Ihre großen Blätter beschatten den Boden, halten ihn feucht und hindern Unkräuter am Keimen. Das Gleiche tun **Bodendecker**. Die klein bleibenden Arten weben durch Ausläufer nach und nach großflächige Teppiche und schützen auf dekorative Weise Beetränder oder Zwischenräume.

Blüten haben sie natürlich auch,

doch bei den meisten Blattschmuckpflanzen spielen sie angesichts der Schönheit des Laubes nur eine Nebenrolle. Was macht eigentlich dekoratives Laub aus?

- Große Blattflächen
- Ausgefallene Formen, z. B. stark gefiederte, gelappte, geschlitzte, herz- oder nierenförmige, kreisrunde Blätter
- Auffällige Oberflächen-Texturen, wie starke Nervatur, Runzelung oder Behaarung
- Ungewöhnliche Laubfärbung, z. B. panaschierte, also gefleckte, rot-, blau-, gelb- oder silberlaubige Formen, starker Blattglanz

Farne blühen nie. Sie lieben Halbschatten und schaffen Wald-Atmosphäre.

◄ Purpurglöckchen

Es liebt frische bis feuchte Standorte in sonniger bis halbschattiger Lage. Hier die rotlaubige Sorte *Heuchera micrantha* 'Palace Purple', ihre Blätter sind unterseits rosa.

► Frauenmantel

Alchemilla mollis muss man einfach lieben: tolle Blätter, tolle Blüten (Juni bis Juli), perfekter Wuchs und super pflegeleicht. Er wächst in der Sonne und im Halbschatten.

▼ Lungenkraut

Das Gefleckte Lungenkraut *(Pulmonaria saccharata)* bringt Licht selbst in den tiefen Schatten. Wie Schneeflocken wirken die weißen Tupfer auf dem glänzenden Laub. Der Bodendecker knüpft dichte Teppiche am liebsten im schattigen Unterwuchs von Bäumen oder Sträuchern, wo die meisten anderen Pflanzen versagen. Von März bis Mai schmückt er sich mit zierlichen Blütchen.

Weitere Arten

- **Günsel** *(Ajuga reptans)* – wintergrün, 15–20 cm, Blüte 4–5, ○–●
- **Bergenie** (*Bergenia*-Hybriden) – z. T. Herbstfärbung, 40 cm, Blüte 3–5, ◑
- **Gemeiner Wurmfarn** *(Dryopteris filix-mas)* – 50–110 cm, ○–●
- **Elfenblume** *(Epimedium × versicolor)* – 30–50 cm, ◑–○, wintergrün
- **Trichterfarn** *(Matteuccia struthiopteris)* – 80–120 cm, ◑–○
- **Dickmännchen** *(Pachysandra terminalis)* – 25 cm, immergrün, ◑–○
- **Teppich-Sedum** *(Sedum floriferum)* – 10–15 cm, gelbe Blüte, 7–9, ○

○ = sonnig, ◑ = halbschattig, ● = schattig

▲ Funkien

Blaues, gelbes oder gezeichnetes Laub, 10 oder 160 cm hoch, *Hosta* gibt es in unzähligen Sorten. Alle lieben Halbschatten oder Schatten und frischen, humosen Boden.

► Wollziest

Stachys byzantina mit seinen wollig weichen Blättern möchte man ständig streicheln. Auf heißen, vollsonnigen, trockenen Plätzen überzieht er große Flächen.

Filigrane Gräser

Leichtigkeit und Eleganz bringen Gräser in die Rabatten. Weiche Silhouetten, bewegte Lichtspiele, traumhafte Herbst- und Winterauftritte verleihen ihnen einen Zierwert, der bunten Blüten nicht nachsteht. Ob Steppenkind- oder Waldbewohner, keines stellt große Pflegeansprüche.

Gebündelte Halme sind der beste Winterschutz für empfindliche Arten. Im Frühjahr abschneiden.

Das grazile Linienspiel der biegsamen, schmalen Halme ist ihr Markenzeichen. Vom Bodendecker-Zwerg bis zum Schilf-Giganten prägt es das Erscheinungsbild der Ziergräser. Bogig überhängende Blätter formen bei stattlichen Arten sprudelnde Fontänen oder aufschießende Horste, beim niedrigen Blauschwingel dagegen nahezu perfekte Halbkugeln. Durch ihre Unverzweigtheit gliedern sie die Pflanze streng vertikal und setzen damit einen spannungsreichen Kontrapunkt zu Stauden und Gehölzen, der einer ganzen Pflanzung Struktur und Halt verleiht. Gräser trumpfen zwar nicht mit farbiger Blütenpracht auf – das haben sie nicht nötig, da sie ausschließlich vom Wind bestäubt werden – doch einige Arten schmücken sich im Herbst mit gelb, orange oder rot verfärbten Halmen und fedrigen Samenständen. Sie ergänzen spät blühende Stauden auf bezaubernde Weise. Konkurrenzlos ist ihre Schönheit im Winter. Mit glitzerndem Raureif überzogen, bieten ihre filigranen Strukturen atemberaubende Anblicke.

Filigran und stattlich zugleich: Chinaschilf (rechts) und Silberährengras (vorne links).

Welche sind die pflegeleichtesten Arten? Jeder Gartensituation ist ein Gras gewachsen. Viele stammen aus Steppen und schätzen durchlässige, gelegentlich trockene Böden und viel Sonne, andere sind in Mooren oder Wäldern, also eher auf schattigen, feucht-humosen Standorten zu Hause. Gemeinsam ist ihnen: Wo der Platz stimmt, sind sie ausgesprochen pflegeleicht. Bei einigen, vor allem Bambusarten, empfiehlt es sich sogar, ihrem ungestümen Wachstum Grenzen zu setzen, etwa mittels Eimern ohne Boden, die als Wurzelsperre dienen. Dafür eignet sich Bambus mit seinen immergrünen Halmen hervorragend als Sichtschutz. Alle anderen Gräser schneidet man im Frühjahr (= beste Pflanzzeit!) bis knapp über dem Boden zurück.

▼ Chinaschilf

Zur Gattung *Miscanthus* gehören zahlreiche, teilweise gemusterte oder herbstfärbende Sorten. Mit ihren stattlichen Halmen erschließen sie Höhen von 100 bis 350 cm. Die silbrigen Blütenrispen (ab 9) bleiben den ganzen Winter über attraktiv. Chinaschilf braucht nährstoffreiche, frische bis feuchte Gartenböden in sonniger Lage.

◄ Rutenhirse

Ihr stärkstes Argument ist die feurige, glühende Herbstfärbung, im Bild die Sorte *Panicum virgatum* 'Rehbraun'. Sie wächst bogig überhängend und schmückt sich mit feinen, schleierartigen Blütenrispen (8 bis 9). Rutenhirse gedeiht auf jedem Gartenboden in sonnig-warmer Lage und erreicht je nach Sorte 100 bis 150 cm Höhe.

Weitere Gräser:

- **Japansegge** *(Carex morrowii)* – 40–50 cm, immergrün, Blüte 4, Boden frisch-feucht, ◑–●
- **Rasenschmiele** *(Deschampsia cespitosa)* – 50–100 cm, immergrün, für feuchte Böden, ◑
- **Riesen-Pfeifengras** *(Molinia arundinacea)* – 100–180 cm, gelbe Herbstfärbung, ○–◑
- **Schirmbambus** *(Fargesia murieliae)* – 250–350 cm, immergrün, ◑
- **Silberährengras** *(Stipa calamagrostis)* – 50–90 cm, Blüte 6–10, Boden feucht, ○
- **Wald-Marbel** *(Luzula sylvatica)* – wintergrün, 30–50 cm, bildet Teppich, Boden feucht, ◑-●
- **Wimpernperlgras** *(Melica ciliata)* – 60–70 cm, graugrün, für trockene Böden, ○

○ = sonnig, ◑ = halbschattig, ● = schattig

► Garten-sandrohr

Der Dauerbrenner im Ziergarten. *Calamagrostis × acutifolia* 'Karl Förster' treibt sehr früh aus. Die schmalen Blätter schießen straff aufrecht in die Höhe. Im Juni erscheinen federartige Rispen, aus denen später ockerfarbene Ähren werden. Das 140 bis 180 cm hohe Gras mag Sonne bis Halbschatten.

▲ Lampen-putzergras

Von *Pennisetum* gibt es verschiedene Arten. Alle bilden kuppelförmige, filigrane Horste von 40 bis 100 cm Höhe. Für den deutschen Namen sind die lang begrannten, Flaschenbürsten ähnlichen Blütenstände verantwortlich. Der Standort sollte sonnig und warm, jedoch nicht zu trocken sein.

Zwiebeln & Knollen

Ihre Farben machen dem Winter Beine

Was wäre ein Frühlingsbeet ohne Tulpen? Zahlreiche Sorten bieten eine breite Auswahl.

Zum Saisonstart sind sie unersetzlich. Während sich die meisten Stauden zu Jahresbeginn noch im tiefsten Winterschlaf befinden, lugen Schneeglöckchen, Winterling, Zwiebel-Iris und Krokus bereits ab Februar vorwitzig unter den letzten Schneeflecken hervor. Sie setzen die ersten, so heiß ersehnten Farbtupfer in den sonst noch recht grauen Garten. Im März/April ergänzen Schneestolz, Anemonen, Blaustern, Märzenbecher und Kaiserkronen das Sortiment. Bis schließlich im April/Mai Hyazinthen sowie die vielfältigen Narzissen und Tulpen in den Reigen eintreten, die von naturnahen Wildformen bis zu prachtvollen Zuchtsorten eine riesige Bandbreite an Blüten bieten.

Narzissen, Tulpen und früh blühende Stauden ergänzen sich in der Rabatte perfekt.

Von ihrer Muntermacher-Wirkung abgesehen, muss man die **Vorfrühlings- und Frühlingsboten** auch wegen ihrer absoluten Pflegeleichtigkeit lieben. Im Herbst gesteckt, treiben sie schon im Spätwinter die tollsten Blüten. Je ungestörter man sie lässt, desto besser entfalten sie ihre Pracht.

Es gibt unter den Zwiebelpflanzen auch einige **Hochsommer- und Herbstblüher,** wie Gladiolen und Dahlien. Sie feiern mit ihren spektakulären Blüten zwar glanzvolle Auftritte im Blumenbeet, sind allerdings etwas aufwendiger in der Pflege. Aufgrund mangelnder Winterhärte muss man sie im Oktober ausgraben, trocknen, frostfrei lagern und im Frühjahr wieder einsetzen. Regelmäßiges Wässern und Düngen ist angesagt, hohe Sorten brauchen Stützen. Die ebenfalls sommerblühenden Lilien geben sich dagegen nicht ganz so anspruchsvoll. Wo der Standort stimmt – warm, sonnig mit beschattetem Fuß und durchlässigem, humosem Boden – machen sie wenig Arbeit, aber viel Freude.

Pure Überlebensstrategie

steckt hinter der Bildung von Zwiebeln und Knollen. Denn im Grunde handelt es sich bei dieser Pflanzengruppe nur um eine Sonderform der Stauden. Einmal in die Erde gesteckt, treiben sie viele Jahre lang immer wieder neu aus. Viele Zwiebelpflanzen stammen aus Steppen oder anderen Heimatregionen, in denen sie viele Monate lang sehr unwirtlichen Bedingungen ausgesetzt sind: extrem trockenen Sommern und sehr frostigen Wintern etwa. In diesen schwierigen Zeiten ziehen Blätter und Blüten ein. Die Nährstoffe werden in den unterirdischen Speicherorganen gesammelt und liefern die Kraft zum Neuaustrieb bei besseren Verhältnissen, meist im wohltemperierten, ausreichend feuchten Frühjahr. Manche Arten bilden richtige Zwiebeln mit mehreren Schalenschichten. Bei Tulpen z. B. sind darin bereits die kompletten Jungpflanzen inklusive Blüte, Stempel und Staubgefäßen en miniature angelegt. Andere haben nur unscheinbare, verdickte Wurzel- oder Sprossteile, auch Knollen und Rhizome genannt.

Die Sorte 'Jetfire' gehört zu den kleinblütigen Narzissen. Auch gut im Topf!

Blauer geht's nicht! Traubenhyazinthen sind Multitalente für alle Gartenlagen.

Apart und elegant wirken Lilienblütige Tulpen, hier Ton in Ton mit orangefarbenen Stiefmütterchen.

Krokus-Hybriden wie 'Vanguard' setzen mit ihrem lichten Violett knallige Akzente.

In der Blumenrabatte kommen Prachtgestalten,

wie der eindrucksvolle Zierlauch, Hyazinthen, Kaiserkronen, aber auch die großblütigen Zuchtsorten von Tulpen, Narzissen und Lilien am besten zur Geltung. Mit ihrer stattlichen Erscheinung brauchen sie die Konkurrenz von Prachtstauden nicht zu scheuen. Am besten setzt man sie in kleinen Tuffs zwischen Bodendecker, großlaubige Stauden oder in den Beethintergrund. Denn alle Zwiebelblumen ziehen nach der Blüte ein, das heißt, die Blätter vergilben und werden unansehnlich. Später trocknen sie ein und man entfernt sie. So hinterlassen die prächtigen Blüher Lücken im Beet, die Nachbarpflanzen kaschieren sollten.

Natürlichen Charme verbreiten Krokus und Schneeglöckchen am Gehölzrand.

Für das Zierbeet eignen

sich von den **Tulpen** vor allem langstielige Darwin- und Triumph-Tulpen sowie viele spät blühende Zuchtformen. Man unterteilt das riesige und konkurrenzlos vielfältige Sortiment des besseren Überblicks wegen in früh, mittel und spät blühende Formen. Bei geschickter Sortenwahl kann man von März bis Ende Mai blühende Tulpen in nahezu allen Farben genießen.

Besonders unter den Späten befinden sich spektakuläre Erscheinungen, die jedes Beet bereichern. Eleganz verbreiten Lilienblütige Tulpen. Wild gefranste und mehrfarbig geflammte Blütenblätter auf bizarr verdrehten Stängeln verleihen den wuscheligen Papageien-Tulpen ihre spezifische Extravaganz. Fein ziselierte Crispa- oder grün gestreifte Viridiflora-Typen erfreuen sich ebenso wachsender Beliebtheit wie stark gefüllte oder duftende Sorten.

Auch bei den **Narzissen** gibt es zierliche und wuchtige Charaktere. Die Farbpalette bewegt sich hier jedoch nur im Weiß-Gelb-Orange-Rosa-Bereich. In die Rabatte passen am besten die stattlichen Osterglocken. Aber auch Groß- und Kleinkronige Sorten mit ihrem sternförmigen Blütenkranz und der oft farblich abgesetzten Nebenkrone machen hier

Narzissen und Schneestolz verwildern und verwandeln den Rasen in eine Blumenwiese.

eine gute Figur. Inzwischen ergänzen etliche gefüllte Formen das Sortiment.

Die königlichen **Lilien** bereichern mit ihrem überwältigenden Duft die Blumenrabatte um eine sinnliche Note, allen voran die reinweiße Madonnenlilie, die rosa überhauchte Königslilie sowie die Orientalischen Hybriden. Duftlos, aber unkomplizierter und noch einfacher in der Kultur sind Asiatische Hybriden, die es in vielen Farben gibt.

Kleine Formen wirken naturnäher.

Sie können Beet und Rasen harmonisch verbinden und den Übergang fließend gestalten. Dafür eignen sich z. B. Botanische Tulpen wie Fosteriana- oder Greigii-Sorten. Letztere wirken mit ihren gestreiften Blättern sogar doppelt dekorativ. Aber auch kleine Narzissen, Krokusse, Schneeglöckchen oder Traubenhyazinthen fühlen sich in diesem Grenzbereich zwischen Kultur und Natur sehr wohl.

Steingärten bieten steppenähnliche Bedingungen: durchlässige Böden, Hitze, Sonne und Trockenheit. Sie geben vielblütigen Wild- und Zwergtulpen, Zwiebel- und Nerz-Iris, Wild-Krokussen und Goldlauch eine passende Heimat.

Die bezaubernd duftenden Dichternarzissen bilden, wo es ihnen gefällt, große Kolonien.

Nicht minder typisch und ursprünglich ist der Lebensraum **Gehölzrand**. Eine Unzahl kleinblütiger Zwiebelpflanzen blüht hier auf, solange die Zweige der Gehölze noch kahl sind und Sonne und Niederschläge durchlassen. Verschlucken die voll belaubten Kronen schließlich Licht und Feuchtigkeit, ziehen sich die Blüher unter die Erde zurück. So fühlen sich auf den humosen Plätzen unter Bäumen und Sträuchern z. B. Hohler Lerchensporn, Hasenglöckchen, Märzenbecher, Winterling, Schneestolz, Anemonen, Schneeglöckchen und Blaustern sehr wohl.

Viele verwildern von alleine.

Das macht sie bequemen Gärtnern so sympatisch. Etliche wildhafte Arten breiten sich an Orten, die ihnen gefallen, über unterirdisch weiterkriechende Rhizome, neue Tochterzwiebeln oder einfach durch Versamen immer weiter aus. Im Laufe der Jahre können sie so ausgedehnte Teppiche bilden. Alle oben genannten Gehölzrand-Arten gehören zu diesen bezaubernden Koloniebildnern. Darüber hinaus erobern viele auch sonnige Wiesen und Rasen. Allen voran Krokusse, Traubenhyazinthen und viele Narzissen. Die sternblütigen Dichternarzissen etwa ziehen intensiv duftende Schleier durchs Grün. Voraussetzung ist: Der Gärtner muss sie in Ruhe lassen! Kein Hacken oder Umgraben darf die Zwerge bei der Fortpflanzungsarbeit stören. Übrigens die beste Ausrede für's Rasenmähen! Denn erst müssen die Blätter eingezogen sein; das ist frühestens sechs Wochen nach der Blüte der Fall. Um von Anfang an »natürlich« zu wirken, sind regelmäßige Pflanzabstände zu vermeiden. Legen Sie die Zwiebeln in einen Korb und werfen Sie sie Richtung Ziel. Wo die Zwiebeln hinfallen, werden sie gesteckt.

Wildtulpen und Blaustern ergeben eine kontrastreiche Mischung.

Pflegeleichte Zwiebelblumen

- **Riesen-Zierlauch *(Allium giganteum)* – 120–150 cm, Blüten purpurviolette Kugeln, 6–7, ○**
- **Goldlauch *(Allium moly)* – 20–30 cm, Blüten goldgelbe Dolden, 5–6, ○–◑**
- **Strahlenanemone *(Anemone blanda)* – 20–25 cm, Blüten blau, rosa, weiß, 3–5, ◑**
- **Buschwindröschen *(Anemone nemorosa)* – 15–25 cm, Blüten weiß, 3–4, ◑–●**
- **Schneestolz *(Chionodoxa luciliae)* – 10–20 cm, lilablaue Blütensternchen, 3–4, ○–◑**
- **Maiglöckchen *(Convallaria majalis)* – 15–25 cm, Blüten weiß, duftend, 5–6, ◑–●**
- **Hohler Lerchensporn *(Corydalis cava)* – 15–25 cm, Blüten violett, weiß, 4–5, ◑–●**
- **Bunter Krokus *(Crocus chrysanthus)* – 5–10 cm, Blüten gelb, bronze, hellblau, purpur, 2–3, ○**
- **Goldkrokus *(Crocus flavus)* – 5–10 cm, Blüten orange-gelb, 2–3, ○**
- **Gartenkrokus (*Crocus*-Hybriden) – 10–15 cm, viele Sorten, gelb, violett, weiß, 3–4, ○–◑**
- **Herbstkrokus *(Crocus speciosus)* – 10–15 cm, Blüten violettblau mit gelb, 9–11, ○–◑**
- **Winterling *(Eranthis hyemalis)* – 5–10 cm, gelbe Blütenschalen, 2–3, ◑–●**
- **Kaiserkrone *(Fritillaria imperialis)* – 60–100 cm, Blüten glockig-gelb, orange, rot, 4, ○**
- **Schachbrettblume *(Fritillaria meleagris)* – 20–30 cm, violett/weiß karierte Blüten, 4–5, ○–◑**
- **Schneeglöckchen *(Galanthus nivalis)* – 10–15 cm, weiße Blütenglöckckchen, 2–4, ◑**
- **Hasenglöckchen *(Hyacinthoides hispanica)* – 20–30 cm, Blüten blau, rosa, weiß, 4–5, ◑**
- **Hyazinthe (*Hyacinthus*-Orientalis-Hybriden) – 20–30 cm, rosa, blau, weiß, duftend, 4–5, ○**
- **Gelbe Zwiebel-Iris *(Iris danfordiae)* – 10–15 cm, Blüten gelb, duftend, 2–3, ○**
- **Netz-Iris *(Iris reticulata)* – 10–20 cm, Blüten blauviolett, duftend, 2–3, ○**
- **Märzenbecher *(Leucojum vernum)* – 20–40 cm, Blüten glockig weiß, 3–4, ○–◑**
- **Madonnenlilie *(Lilium candidum)* – 80–120 cm, Blüten weiß, duftend, 6–7, ○**
- **Lilien (*Lilium*-Hybriden) – 50–200 cm, viele Sorten, Blüten in vielen Farben, 6–7, ○**
- **Tigerlilie *(Lilium lancifolium)* – 120–180 cm, Blüten orange, rot, gelb, 7–9, ○**
- **Königslilie *(Lilium regale)* – 60–150 cm, Blüten weiß mit rosa, innen gelb, Duft, 7, ○**
- **Traubenhyazinthe *(Muscari armeniacum)* – 15–25 cm, Blüten blaue Trauben, 4–5, ○- ◑**
- **Groß- und Kleinkronige Narzissen (*Narcissus*-Hybriden) – 30–40 cm, viele Sorten, Blüten gelb, weiß, orange, rosa, 3–4, ○–◑**
- **Osterglocke *(Narcissus pseudonarcissus)* – 40–60 cm, Blüten gelb, weiß, 3–4, ○–◑**
- **Dichter-Narzisse *(Narcissus poeticus)* – 30–50 cm, Blüten weiß mit gelber Mitte, 4–5, ○-◑**
- **Dolden-Milchstern *(Ornithogalum umbellatum)* – 10–25 cm, Blüten weiß, 4–5, ○–◑**
- **Blaustern *(Scilla siberica)* – 10–20 cm, Blüten blaue Sternchen, 2–5, ○–◑**
- **Tulpen (*Tulipa*-Hybriden) – viele Sorten, 25–60 cm, viele Farben und Formen, 4–5, ○-◑**
- **Botanische Tulpen (*Tulipa* Kaufmanniana-, Greigii-, Fosteriana-Sorten) – 10–40 cm, 2–4, Blüten in vielen Farben, ○**
- **Vielblütige Tulpe *(Tulipa tarda)* – 10–30 cm, weiß-gelbe Blütenbecher, 3–4, ○**

○ = sonnig, ◑ = halbschattig, ● = schattig

Pflegepraxis Zwiebelblumen

Kaufen, stecken, fertig – so einfach ist das, zumindest bei den meisten Frühlingsblühern. Wichtig ist, die kleinen Kraftpakete optimal unter die Erde zu bringen. Gute Startbedingungen sichern ein langes problemloses Leben. Probieren Sie es doch einfach aus!

Von daumennagel- bis faustgroß variieren die Zwiebeln im Aussehen, je nach Art und Sorte.

Beim Einkauf der Zwiebeln

und Knollen unbedingt gesunde, kräftige Ware auswählen. Es gilt die simple Faustregel: Die dicksten Zwiebeln und Knollen bringen auch die größten Blüten. Schließlich haben sie die meisten Nährstoffe gespeichert. Außerdem sollten sie unverletzt, fest, noch nicht ausgetrieben sowie frei von Flecken und Schimmel sein. Er tritt mitunter bei verpackter Ware auf.

Pflanzzeit für Frühlingsblüher ist Hochsommer bis Herbst. Bereits im August steckt man Madonnenlilien und Kaiserkronen. Im September folgen Narzissen und Krokusse, für alle anderen genügt auch noch Oktober, um in die Erde zu kommen. Die sommer- und herbstblühenden Gladiolen und Dahlien setzt man im April.

Alle Zwiebel- und Knollenpflanzen brauchen **gut durchlässigen Boden**. Bei stauender Nässe faulen die dicken Speicherorgane schnell. Auf sandigen Böden genügt es, den Untergrund vor der Pflanzung gut aufzulockern. In schweren Böden legt man eine Drainage. Dazu gräbt man das Pflanzloch etwas tiefer aus und schichtet etwa fünf Zentimeter hoch feinen Kies oder groben Sand auf. Erst darauf legt man die Zwiebel. Die Anfüllerde vermischt man ebenfalls mit reichlich Sand. Bei Lilien, Kaiserkronen und großblütigen Narzissen fügt man gleich Kompost oder anderen organischen Dünger mit bei.

Auf schweren Böden empfiehlt sich eine Drainageschicht aus Kies oder grobem Sand.

Die **Pflanztiefe** richtet sich nach der Größe der Zwiebel. Als Anhaltspunkt dient die Regel: zwei bis drei Mal so tief wie die Zwiebel hoch ist. Für die kleinen Zwiebeln, z. B. von Traubenhyazinthen oder Blausternchen, bedeutet das etwa fünf Zentimeter, für Wildtulpen und -narzissen etwa zehn, für ihre Gartensorten etwa 15. Riesen wie Lilien und Kaiserkronen benötigen sogar bis zu 25 Zentimeter. Achtung: Mit den Wurzeln nach unten einsetzen! Die sind bei Knollen oft gar nicht so leicht zu erkennen.

Spezielles Werkzeug erleichtert das Ausheben schmaler Pflanzlöcher für die Zwiebeln.

Ein paar Tricks

Ein paar Tricks erleichtern die Pflanzerei. So bietet der Fachhandel z. B. praktische **Zwiebelpflanzer** an. Die Metallzylinder vereinfachen das Ausheben schmaler Pflanzlöcher. Wer kleine Tuffs zum Verwildern in den Rasen setzen möchte ohne die grüne Decke zu zerstören, kann Soden mit dem Spaten oberflächlich abheben. Dann lockert man den Untergrund und verteilt die Zwiebeln auf der Fläche. Anschließend setzt man das Rasenstück wieder auf. Der Austrieb wird sich seinen Weg hindurch bahnen.

Wühlmäuse lieben etliche Zwiebel- und Knollenarten ebenso sehr wie der Mensch. Interessenskonflikte sind also vorprogrammiert. Wer den Nagern vorbeugen will, setzt seine Zwiebeln in Plastik- oder Metallkörben in die Erde. Sie vereinfachen außerdem Gruppenpflanzungen, weil sie ein ganzes Ensemble bündeln.

Die **weitere Pflege** beschränkt sich auf wenige Handgriffe. Prachtgestalten, wie Lilien sowie großblütige Tulpen und Narzissen sollte man jedes Jahr im Herbst mit etwas Kompost verwöhnen, zum Austrieb bei Bedarf mit einer weiteren Düngergabe. Sind ihre Blüten verwelkt, schneidet man sie etwa auf halber Höhe ab, damit die Pflanzen nicht unnötig Energie in die Samenbildung stecken. Bei den Gehölzrandarten genügt zur Humus- und Nährstoffversorgung versorgung der natürliche Laubfall der Gehölze. Verblühtes zu entfernen ist bei kleinen Arten meist überflüssig, bei solchen, die sich versamen sollen, sogar verboten.

Ob groß oder klein, **das Laub muss stehen bleiben und vergilben**, auch wenn es nicht sehr attraktiv wirkt. Nur so kann die Pflanze die lebensnotwendigen Nährstoffe wieder in die Speicherorgane einlagern und Kraft für den Neuaustrieb in der nächsten Saison sammeln. Erst wenn die Blätter sich ganz leicht von der Pflanze lösen lassen, werden sie entfernt.

Der kleine Durchmesser von Zwiebelpflanzern minimiert in Grünflächen den Lochschaden.

Geben Sie Wühlmäusen einen Korb! Plastik- oder Metallgitter halten die Nager fern.

Kleine Arten setzt man zu mehreren in Tuffs. So kommen sie am besten zur Wirkung.

TIPP

Ab in den Topf!

Als die ersten Tulpenzwiebeln aus dem Orient in den Norden gefunden hatten, sollen sie aus Unkenntnis zunächst in den Kochtopf gewandert sein. Geschmackssache! Tatsache aber ist: Fast alle Zwiebel- und Knollenpflanzen gedeihen hervorragend in Töpfen und Kästen. Auf Balkon und Terrasse sowie im Eingangsbereich sind sie ein Genuss fürs Auge.

Sommerblumen

Blütenpracht aus der Tüte gezaubert

Lebensfreude pur: Farbenfrohe Sommerblumen dürfen in keinem Garten fehlen.

Einfacher geht's wirklich nicht, denn Sommerblumen sind Pflanzen wie aus dem Bilderbuch. Ihre Kultur ist kinderleicht: säen, gießen, sprießen! Im Gegensatz zu Stauden, Zwiebel- und Knollenblumen sät man sie jedes Jahr neu aus. Sommerblumen heißen deshalb auch **Einjährige**. Ihr ganzes Leben spielt sich in einer Saison ab. Sie keimen, wachsen, blühen und bilden Samen. Mit den ersten Frösten sterben sie komplett ab.

Doch in der Kürze liegt die Würze. Die meisten Einjährigen verausgaben sich in leuchtenden Farben sowie wochen-, manchmal monatelanger Dauerblüte. Ihre Hochsaison beginnt im Frühsommer und dauert bis weit in den Herbst. Damit sind sie die ideale Ergänzung für Rabatten. Wenn dort die ersten Frühblüher einziehen, füllen sie die Lücken im Handumdrehen. Auf Grund ihrer Schnelligkeit und Umkompliziertheit eignen sie sich aber auch für »Instant-Beete«, auf denen sie unter sich bleiben. Ideal für alle Gartenecken, deren endgültige Planung noch nicht feststeht. Ein paar Samentüten kosten nicht die Welt, und die Einjährigen räumen nach einer Saison von alleine das Feld, um Platz für neue Gestaltungsideen zu schaffen. Wo man sie erhalten möchte, lässt man sie ihre zahllosen Samen ausbilden. Gefällt ihnen der Standort, melden sie sich im nächsten Jahr zurück.

Direkt ins Freilandbeet sät man die robusten Naturen. Für einige Wenige empfiehlt sich das Vorziehen am Fensterbrett, oder man kauft sie als Jungpflänzchen in der Gärtnerei. Dort findet man zur gleichen Zeit im Beet- und Balkonblumen-Sortiment weitere Dauerblüher. Häufig sind dies Arten, die in ihren Herkunftsregionen durchaus mehrjährig gedeihen, aufgrund mangelnder Winterhärte bei uns jedoch einjährig kultiviert werden.

Goldmohn

Von Juni bis Oktober blühen die Hybriden von *Eschscholzia californica*. Sie bleiben 20 bis 50 Zentimeter klein und schmücken sich mit fein gefiederten Blättern. Lieben volle Sonne.

Mutterkraut

Tanacetum parthenium lässt von Juni bis September die Sonne aufgehen. Es gibt viele Sorten, bis 60 Zentimeter, für Sonne bis Halbschatten.

Schmuckkörbchen

Ein Klassiker im Blumenbeet! *Cosmos bipinnatus* war schon in Großmutters Garten beliebt und hat bis heute nichts an Aktualität eingebüßt. Die stattliche Größe von 70 bis 120 Zentimeter prädestiniert es für den Hintergrund von Rabatten. Rosa, weiße oder karminrote Schalenblüten (7–10) öffnen sich über feinem, duftigem, doppelt gefiedertem Laub. Sie brauchen nährstoffreiche Böden und Sonne.

Ringelblume

Sie ist aus Bauern- und Biogärten nicht wegzudenken! *Calendula officinalis* überzeugt seit Jahrhunderten mit leuchtenden gelben oder orangefarbenen Blüten von Juni bis Oktober sowie mit ihren Heilkräften, von denen Mensch und Boden profitieren. Es gibt einfache, halbgefüllte und gefüllte Sorten, die Höhen von 20 bis 70 Zentimeter erreichen. Das Laub ist länglich und rau. Die Pflanzen entwickeln sich am besten in voller Sonne.

Bechermalve

Zarte, ätherische Blüten mit bezaubernder Aderung bei gleichzeitig unkomplizierter, robuster Natur: *Lavatera trimestris* gehört zu den Top-Favoriten im Sommerblumen-Sortiment! Die rosa oder weißen Trichter entfalten sich von Juli bis Oktober. Die Bechermalve wächst reichverzweigt und buschig, 50 bis 100 Zentimeter hoch. Die zarten Farben lassen sich gut mit Stauden kombinieren. Bauerngartenpflanze für die Sonne!

Einjährige Kletterer

Lebendige Blumenvorhänge

für eine Saison weben die Senkrechtstarter unter den Sommerblumen. Eine ganze Reihe von Arten erklimmt über Rankhilfen die dritte Dimension. So schaffen sie Räume und Intimität durch blühenden Sichtschutz – und das in Rekordzeit!

Was ist prächtiger, Laub oder Blüte? Feuerbohne und Kapuzinerkresse im Wettstreit.

Die sympathischste Art,

Grenzen zu setzen und den vollen Durchblick von Nachbars Seite etwas zu verschleiern, sind blühende Kletterpflanzen. Unter den Einjährigen gibt es eine ganze Reihe flinker Aufsteiger. Sie ziehen innerhalb weniger Wochen ihre Sommergardinen hoch und gewähren so Sichtschutz und Schatten während der heißen Jahreszeit, in der das Leben hauptsächlich draußen stattfindet. In den trüben Wintermonaten lassen sie ihren Vorhang fallen. Das spärliche Tageslicht darf wieder ungehindert passieren. Dabei beanspruchen sie nicht einmal viel Fußraum, denn ihr Wachstum konzentriert sich ganz auf die Vertikale. Selbst in Töpfe oder Kästen gepflanzt erfüllen sie ihre Mission und eignen sich daher ganz hervorragend für den Einsatz im Terrassenbereich. Fertige Sichtschutzelemente verzieren sie auf charmante und unkomplizierte Weise.

Natürlich sprechen auch weniger pragmatische Gründe für einjährige Kletterer. Carport-Pfosten, Maschendraht- oder Jägerzäune sehen mit einem Blütenkleid einfach dekorativer aus. Und solange Kletterrose und Co noch in den Kinderschuhen stecken, können Einjährige an Rosenbögen, Obelisken und Pavillons farbenprächtige Unterstützung bieten.

Im Gegensatz zu Gehölzen begnügen sie sich mit Schnüren oder Drähten, um den Weg nach oben zu finden. Wer die aufwändige Montage dauerhafter Rankgerüste scheut, kann mit ein paar gespannten Stricken Mauern oder auch Balkonbrüstungen mit Blütenschleiern überziehen.

Zwei verschiedene Klettertechniken

kommen bei den Einjährigen dabei zum Einsatz. **Schlinger**, wie die Prunkwinde oder die Feuerbohne, wickeln ihre Triebe einfach um die Rankhilfe herum und ziehen sich so spiralförmig nach oben. **Ranker**, wie die Duftwicke, bilden spezielle, haarfeine Organe aus, mit denen sie sich an jedem Halt festhaken und damit der ganzen Pflanze Stabilität geben.

Duftwicken am Obelisken überflügeln sogar die stattlichen Schmuckkörbchen.

Leuchtende, kräftige Farben

prägen den Auftritt aller Sommerblumen. Ihre Kombination untereinander und mit Stauden erfordert daher etwas Fingerspitzengefühl. Sicher gelingen Ton-in-Ton-Pflanzungen z. B. im warmen, temperamentvollen Spektrum Gelb-Orange-Rot, etwa mit Sonnenblumen, Ringelblumen, Kapuzinerkresse und Studentenblumen. Etwas zurückhaltender und romantischer wirkt die Kombination Weiß-Rosa-Blau, die man mit Bechermalven, Schmuckkörbchen und Jungfer-im-Grünen realisieren könnte. Die beiden Letzten verstärken mit ihrem Laub die duftige Wirkung.

Mit dem himmlischsten Blau aller Zeiten überziehen Prunkwinden ihre Rankhilfen.

Weitere Sommerblumen

Für die Direktaussaat:

- Garten-Fuchsschwanz *(Amaranthus caudatus)* – 50–80 cm, Blüten purpurrot, hängende Ähren, 7–10, ○
- Löwenmäulchen *(Antirrhinum majus)* – 20–120 cm, viele Sorten, Blüten weiß, gelb, orange, rosa, rot, violett, 6–10, ○
- Sommeraster *(Callistephus chinensis)* – 20–100 cm, viele Sorten, Blüten blau, violett, rot, rosa, gelb, weiß, 7–10, ○
- Einjähriger Rittersporn *(Consolida ajacis)* – 40–120 cm, Blütenkerzen blau, violett, rosa, weiß, 6–8, ○
- Sonnenblume *(Helianthus annuus)* – 40–250 cm, Blüten gelb mit brauner Mitte, 7–10, ○
- Garten-Strohblume *(Helichrysum bracteatum)* – 30–120 cm, Blüten weiß, gelb, orange, rosa, rot, rotbraun, 6–9, ○
- Schleifenblume *(Iberis umbellata)* – 20–40 cm, viele Sorten, Blüten weiß, rosa, rot, violett, 6–8, ○
- Duftsteinrich *(Lobularia maritima)* – 5–15 cm, Blüten weiß, rosa, violett, duftend, 6–10, ○
- Levkoje *(Matthiola incana)* – 30–100 cm, Blüten weiß, gelb, rosa, rot, violett, duftend, 5–8, ○
- Jungfer-im-Grünen *(Nigella damascena)* – 30–60 cm, Blüten blau, rosa, weiß, 6–10, ○
- Studentenblume (*Tagetes*-Erecta-Hybriden) – 30–120 cm, große chrysanthemenartige Blüten, gelb, orange, rotbraun, 6–10, ○
- Studentenblume (*Tagetes-Patula*-Hybriden) – 20–50 cm, einfache und gefüllte Blüten, gelb, orange, rotbraun, 6–10, ○
- Studentenblume *(Tagetes tenuifolia)* – 20–30 cm, Blüten klein, einfach, gelb, orange, rotbraun, 6–10, ○

Zur Voranzucht (oder als Jungpflanze kaufen):

- Leberbalsam *(Ageratum houstonianum)* – 10–70 cm, Blüten blau, weiß, 6–10, Voranzucht ab 2, ○
- Spinnenblume *(Cleome hassleriana)* – 80–140 cm, Blüten weiß, rosa, rot, violett, 7–10, Voranzucht ab 3, Jungpflanzen stutzen, ○
- Vanilleblume *(Heliotropium arborescens)* – 30–60 cm, Blüten violett, nach Vanille duftend, 6–10, Voranzucht 1–3, ○
- Männertreu *(Lobelia erinus)* – 10–20 cm, Blüten blau, weiß, rosa, 6–9, Voranzucht 2–4, ○–◑
- Zinnie *(Zinnia elegans)* – 30–100 cm, viele Sorten, Blüten rosa, rot, orange, gelb, weiß, einfach und gefüllt, 7–10, Voranzucht ab 4, ○

Einjährige Kletterer:

- Glockenrebe *(Cobaea scandens)* – bis 400 cm, Blüten glockig, violett (auch weiß) , 8–9, Voranzucht ab 3, ○
- Zierkürbis *(Cucurbita pepo)* – bis 600 cm, Blüten gelb, 7–8, Voranzucht 4, ○
- Prunkwinde *(Ipomea tricolor)* – bis 400 cm, Blüten trichterförmig, blau (auch weiß und rosa), 7–10, ○
- Duftwicke *(Lathyrus odoratus)* – bis 250 cm, Blüten weiß, rosa, violett, rot, duftend, 6–9, ○
- Feuerbohne *(Phaseolus coccineus)* – bis 400 cm, Blüten feuerrot, 7–9, ○
- Schwarzäugige Susanne *(Thunbergia alata)* – bis 170 cm, Blüten gelb, orange, schwarze Mitte, 6–10, Voranzucht ab 3, ○
- Kapuzinerkresse (*Tropaeolum*-Hybriden) – 30–300 cm, Blüten gelb, orange, rot, 7–10, ○-◑
- Japanischer Hopfen *(Humulus japonicus)* – bis 400 cm, Blüten unauffällig, 7–8, ○–◑

○ = sonnig, ◑ = halbschattig, ● = schattig

Das farbenfrohe Nebeneinander verschiedener Sommerblumen erinnert an die **Bauerngärten** vergangener Zeiten und kann durchaus seinen Reiz haben, wo es zum Stil des Hauses und der Umgebung passt. Die einjährigen Blüher galten damals als unverzichtbare Ergänzung zu Gemüse, Kräutern, Rosen und Prachtstauden. Einige Arten, wie Duftwicken oder Löwenmäulchen, werden bis heute im Samenfachhandel meist nur als bunter Sorten-Mix gehandelt.

Bei den Beetpflanzen stehen Blütenform und -farbe natürlich im Vordergrund des Interesses. Wo Kletterer jedoch vorwiegend als Sichtschutz dienen sollen, spielt auch die **Belaubung** eine wichtige Rolle. So schirmen die üppigen, herzförmigen Blätter der Feurbohne nahezu blickdicht gegen fremden Einblick ab und bieten ein Kontrastprogramm zu den feuerroten Blüten. Auch Zierkürbisse machen mit ihren Riesenblättern wirkungsvoll dicht. Unübertroffen im Weben dicker grüner Wandvorhänge bleibt jedoch der Japanische Hopfen mit seinem handförmig eingeschnittenen Laub.

Pflegepraxis Sommerblumen

Das kurze Leben der Sommerblumen erübrigt Frostschutz und Winterschnitt. Aus kleinen Samenkörnern explodiert ein verschwenderisches Blütenmeer. So viel Energieentfaltung braucht soliden Treibstoff. Nahrhafter Boden sowie reichlich Sonne sind optimaler Input für die Hochleistungsblüher.

Die Voranzucht am Fensterbrett ist nicht schwer. Wichtig: Samen mit feiner Brause und Abdeckhauben gleichmäßig feucht halten.

Kältefeste Arten wie Sonnenblume oder Bechermalven sät man direkt in den Garten. Der beste Zeitpunkt dafür variiert, je nach Art, von Ende März bis Mai. Genaue Angaben dazu sowie zur Saattiefe finden Sie auf jeder Samentüte. Lockern Sie den Boden vorher auf und ziehen Sie die Oberfläche glatt. Die Samen mit einer dünnen Erdschicht abdecken, leicht andrücken und mit der Brause sanft befeuchten – aber nicht wegschwemmen. Streuen Sie die Samen nicht zu dicht. Man muss die Pflanzen später ohnehin ausdünnen, um ihnen Platz zur Entwicklung zu geben. Sofern der Regen das nicht erledigt, in den Folgewochen mit der Gießkanne stets gleichmäßig feucht halten.

Mit den ersten Laubblättern werden vorgezogene Jungpflanzen vereinzelt, Mitte Mai dann ausgepflanzt.

Direktsaat macht am wenigsten Arbeit: Samen in die Erde legen und wachsen lassen.

Kälteempfindliche Arten, die erst nach den Eisheiligen draußen gedeihen, kommen früher zur Blüte, wenn sie schon **im Haus vorgezogen werden**. Dazu sät man sie in flache Schalen mit Abzugslöchern oder Blumenkästen aus und stellt sie an einem hellen Fenster auf. Nicht auf die Heizung, das führt schnell zu Trockenschäden! Gleichmäßige Feuchtigkeit ist gefragt. Abdeckhauben oder Folien verringern die Verdunstung. Wenn nach den Keimblättern die ersten Laubblätter austreiben, **pikiert** man die Pflänzchen. Das heißt, man setzt sie einzeln in Töpfe um. Später härten Sie sie an warmen Tagen auf der Terrasse ab. Sie müssen nur nachts frostfrei stehen. Zu viel Aufwand? Dann kaufen Sie im Mai einfach fertige Jungpflanzen in der Gärtnerei.

Für ihre üppige Dauerblüte brauchen Sommerblumen einen lockeren, gut mit Kompost versorgten Boden. Anfang Juni unterstützt eine zusätzliche Düngergabe den Hauptwachstumsschub. Trockenperioden erfordern ausreichendes Gießen. Das Abknipsen verwelkter Blumen fördert neuen Blütenansatz. Wer auf die Erhaltung der Pflanzen setzt, muss sie jedoch Samen bilden lassen.

Blumenwiesen

Bitte nicht stören! Wer diese »rote Karte« seinem Garten zeigt, weil er am Feierabend und Wochenende lieber faulenzt, der sollte 'mal mit einer Blumenwiese experimentieren. Allerdings revanchiert die sich im Gegenzug mit »Betreten verboten«. Hier darf nur das Auge genießen.

Echtes laissez faire: Blumenwiesen braucht man nur ein bis zwei Mal im Jahr zu mähen, im Juli und eventuell September. Dazwischen überlässt man der Natur das Feld. Auf diese Weise entstehen herrlich bunte, naturnahe Gartenflächen. Voraussetzung: ein relativ magerer Boden und ein vollsonniger Standort. Denn unter den Wiesenblumen befinden sich viele einjährige Ackerrand- und Feldblumen, wie Margeriten, Mohn- und Kornblumen, die diese Verhältnisse schätzen. Ist die Erde zu nahrhaft oder durch Betreten zu verdichtet, setzen sich die grünen Gräser durch und verdrängen die Blüher.

Am Anfang muss man natürlich etwas nachhelfen. Der Fachhandel bietet **fertige Saatmischungen** an, die man am besten im Mai/Juni oder August/September ausbringt. Handelt es sich um jungfräulichen Boden, etwa auf einem Neubaugrundstück, braucht man die Erde nur aufzulockern und kann sofort aussäen. Bis zur ersten Mahd, nach sechs Wochen, muss man durch regelmäßiges Überbrausen für gleichmäßige Feuchtigkeit sorgen.

Möchte man eine bestehende **Rasenfläche umwandeln**, muss man den gesamten Rasensoden abheben, auf den Kompost werfen und auf die darunter liegende Bodenschicht säen. Das ist zwar arbeitsaufwändig, dafür von schnellem Erfolg gekrönt. Langwierig und von ungewissem Ausgang ist dagegen das **Abmagern des Rasens**. Das heißt: alle Pflegemaßnahmen einstellen, nicht mehr düngen, keine Unkrautvernichter, seltener mähen, das Schnittgut immer entfernen. Dazu einige Wildstauden und Zwiebelblumen dazwischenpflanzen und auf fleißige Vermehrung hoffen.

So oder so bleiben Blumenwiesen immer ein Überraschungspaket. Wenn es den ausgesäten Arten nicht gefällt, werden sie von anderen verdrängt, die Vögel oder Wind eintragen. Die Natur arbeitet eben nach ihren Gesetzen und will nicht gestört werden, auch nicht durch Betreten!

Wiesen- und Feldblumen verbreiten naturnahen Charme und locken viele Insekten an.

Zweijährige

Der Sonderfall in der Blumenwelt. Sie leben länger als eine Saison, sind aber auch keine richtig ausdauernden Stauden. Dem Gärtner kann es egal sein, denn auch sie halten sich über Selbstaussaat jahrelang im Garten. Das Interessante: Es gibt etliche Prachtgestalten darunter und viele Frühblüher.

Zweijährige überwintern als Blattrosette – hier eine dekorative Königskerze.

Im Frühsommer

sät man sie aus, im Spätsommer oder Herbst pflanzt man sie an Ort und Stelle um. Bis zum Wintereinbruch bilden Zweijährige ansehnliche, bei einigen Arten wie der Königskerze, äußerst attraktive Blattrosetten und überdauern so die kalte Jahreszeit. Erst in der nachfolgenden Saison gelangen sie zur Blüte und entfalten damit ihre volle Pracht. Im Herbst sterben sie ab. Wobei es Arten gibt, die unter sehr günstigen Bedingungen auch noch zwei, drei Jahre überdauern können.

Eine gefüllt blühende Stockrose leuchtet vor grüner Heckenkulisse.

Die Übergänge zu den Stauden gestalten sich fließend. Dennoch werden Zweijährige oder Bienne, wie sie auch heißen, in der Regel zu den Sommerblumen gezählt. Sie entwickeln ebenso verschwenderische, farbenfrohe Blütenpracht und reichlich Samen, durch die sie sich am Standort von alleine erhalten.

Nach dem Motto »nicht kleckern sondern klotzen«, brillieren viele nicht nur mit dekorativer Blüte, sondern auch mit imposantem Wuchs. Die stattlichen **Königskerzen** etwa, erreichen immerhin Mannshöhe. Dennoch werden sie von **Stockrosen** noch mühelos überragt. Kein Wunder, dass die malvenähnlichen Schönheiten schon im klassischen Bauerngarten als unverzichtbarer Bestandteil zu Hause waren. Von der bezaubernden uralten Kulturpflanze gibt es gefüllte und ungefüllte Sorten in allen Rosa- und Purpurtönen, in Schwarzrot, Weiß sowie in Gelb.

Auch der **Fingerhut** gehört mit Wuchshöhen von bis zu eineinhalb Metern zu den stattlichen Erscheinungen und gedeiht meist zweijährig. Schneidet man ihn jedoch nach der Blüte zurück, kann das sein Absterben verhindern und die Lebenszeit verlängern. Allerdings unterbindet diese Maßnahme auch die Selbstaussaat.

Lange Kerzen aus einzelnen Glocken bildet der Fingerhut. Die ganze Pflanze ist giftig!

Die zeitige Blüte

vieler Arten macht sie für den Blumengarten besonders wertvoll. Da sie beblättert überwintern, haben sie im Frühjahr einen Wachstumsvorsprung und können schon in die Bresche springen, solange Stauden noch mit dem Austrieb beschäftigt sind und sich die Einjährigen noch aus den Samen schälen. Zusammen mit den Frühlingsboten unter den Zwiebelblumen bringen sie Farbe auf die Beete.

Zweijährige Sommerblumen

- **Stockrose *(Alcea rosea)* – 160–250 cm, große Blütenkerzen aus malvenartigen Einzelblüten, rosa, purpur, schwarzrot, weiß, gelb, gefüllt und ungefüllt, 7–9, ○**
- **Maßliebchen *(Bellis perennis)* – 15–20 cm, Blüten weiß, rosa, rot, halbgefüllt bis kugelrund, 3–5, ○–◑**
- **Marienglockenblume *(Campanula medium)* – 50–90 cm, Blütentrauben aus Einzelglocken, weiß, rosa, lila, blau, einfach und gefüllt, 6–7, ○**
- **Goldlack *(Erysimum [Cheiranthus] cheiri)* – 20–50 cm, viele Sorten, Blütenbüschel goldgelb, orange, rotbraun, gefüllt und ungefüllt, stark duftend, 4–6, ○**
- **Bartnelken *(Dianthus barbatus)* – 30–60 cm, viele Sorten, breite Blütenschirmchen, rot, rosa, weiß, auch zweifarbig, einfach und gefüllt, zart duftend, 5–8, ○**
- **Fingerhut *(Digitalis purpurea)* – 100–140 cm, große Blütenkerzen aus Einzelglocken, rosa, purpur, weiß, 6–7, ◑–●**
- **Vergissmeinnicht *(Myosotis sylvatica)* – 15–40 cm, Blüten klein, aber zahlreich, blau, auch rosa und weiß, 4–6, ○–◑**
- **Königskerze *(Verbascum-*Arten, z. B. *V. bombyciferum)* – 120–180 cm, riesige verzweigte Blütenkerzen, gelb, 6–8, ○**
- **Stiefmütterchen *(Viola × wittrockiana)* – 15–25 cm, viele Sorten, Blüten in nahezu allen Farben, auch zweifarbig, mit dunklem »Gesicht«, 3–5, ○–◑**

○ = sonnig, ◑ = halbschattig, ● = schattig

So untermalt das **Vergissmeinnicht** ab April wirkungsvoll großblütige Gartentulpen. Mit seinen duftigen, himmelblauen Wolken verleiht es ihnen mehr Leichtigkeit. Ähnlich heiter und sympathisch wirkt der **Goldlack** mit seinen warmen Farben und dem süßen Honigduft.

Stiefmütterchen sind aus Frühlingsbeeten gar nicht wegzudenken. Mit ihren stimmungsvollen Gesichtern muss man die Zwerge einfach mögen. Ob mehrfarbig oder uni, von März bis Mai stecken sie ihre großen Köpfe so nahe zusammen, dass beinahe geschlossene Farbteppiche entstehen. Im gleichen Zeitraum plustern auch die **Maßliebchen**, die Kulturformen unseres Gänseblümchens, ihre pomponartigen Blütenkügelchen auf. Sie machen sich auch gut in Schalen, zusammen mit Hyazinthen und Narzissen.

Ab Mai/Juni begleiten dann **Marienglockenblumen** und **Bartnelken** bereits die Staudenblüten in der Rabatte.

Pflegearbeiten

fallen eigentlich nur bei der erstmaligen Anzucht an. Im Juni sät man Zweijährige an einem warmen Ort aus. In der Regel ist es wenig sinnvoll, sie gleich an ihrem endgültigen Standort in die Erde zu bringen. Denn zu dieser Zeit herrscht im Staudenbeet drangvolle Enge und die Keimlinge hätten kaum Chancen, zu kraftvollen Pflanzen aufzulaufen. Auch zu hohe, sommerliche Sonneneinstrahlung tut dem Saatgut nicht gut. Besser man setzt sie auf eine gesonderte Fläche im Halbschatten oder zieht sie in Gefäßen heran. Die Keimlinge sollte man nicht der prallen, hochsommerlichen Mittagssonne aussetzen.

Ansonsten geht man genauso vor wie bei der Sommerblumen-Anzucht. Im August/September setzt man die Jungpflanzen dann an den geplanten Standort um. Zu dieser Zeit kann man sie auch in der Gärtnerei kaufen, wenn man sich die Anzuchtarbeit sparen will. In sehr frostigen und schneereichen Lagen schützt man die Blattrosetten mit einer Abdeckung aus Reisig und Laub vor Nässe und Winterschäden. In den Folgejahren lässt man die Zweijährigen einfach dort gedeihen, wo sie von selbst keimen.

Kontrastreiche Frühlings-Kombination: Gelber Goldlack und violette Tulpen.

Bunt und lebendig wie im Bauerngarten

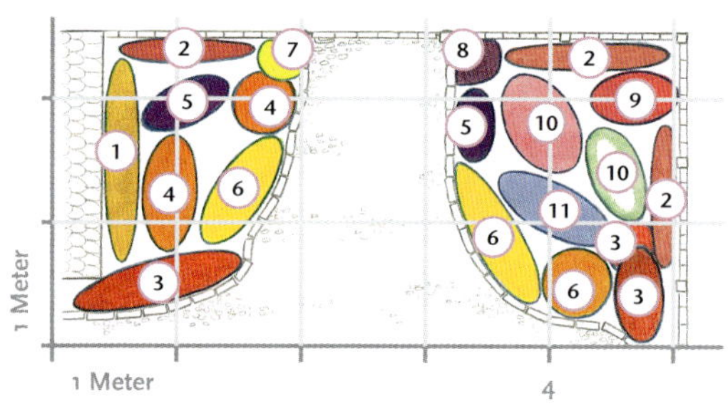

- **Thema:** Farbenfrohe Beete aus Sommerblumen und Zweijährigen.
- **Blütezeit:** Ab Mai bis Oktober, von Juli bis September blüht alles gleichzeitig.

Diese Pflanzung zaubert mit ein- und zweijährigen Blühern farbenfrohen, ländlichen Charme. Der Holzschuppen sowie der rustikale Zaun liefern das stimmige Ambiente dazu. Links vom Gartentor dominieren warme Gelb-, Orange- und Rottöne. Rechts bringt kühles Weiß, Rosa und Blau etwas Romantik ins Spiel. Die Kletterrose am Torbogen verbindet. Diese Beete brauchen nahrhaften, humosen Boden und viel Sonne. Dann treiben sie einen ganzen Sommer lang bunte Blüten.

1. **Sonnenblume *(Helianthus annuus)* – z. B. 'Hohes Sonnengold', 'Intermedius Abendsonne'**
2. **Stockrosen *(Alcea rosea)***
3. **Bartnelke *(Dianthus barbatus)* – rot: z. B. 'Scharlachkönigin'; rot-weiß: z. B. 'Heimatland'**
4. **Ringelblume *(Calendula officinalis)***
5. **Mehl-Salbei *(Salvia farinacea)***
6. **Studentenblume *(Tagetes*-Patula-Hybriden) – gelb und orange**
7. **Kletterrose *(Rosa)* – gelb z. B. 'Golden Showers'**
8. **Duftwicke *(Lathyrus odoratus)* – Farbmischung**
9. **Schmuckkörbchen *(Cosmos bipinnatus)* – rosa**
10. **Bechermalve *(Lavatera trimestris)* – rosa: z. B. 'Silver Cup'; weiß: z. B. 'Mont Blanc'**
11. **Jungfer-im-Grünen *(Nigella damascena)* – blau: z. B. 'Miss Jekyll'**

(Porträts siehe Tabelle Seite 59)

Ein- und zweijährige Sommerblumen (Porträts zum Pflanzvorschlag Seite 58)

Stockrose *(Alcea rosea)* ⊙	Ringelblume *(Calendula officinalis)*	Schmuckkörbchen *(Cosmos bipinnatus)*	Bartnelke *(Dianthus barbatus)* ⊙	Sonnenblume *(Helianthus annuus)*	Duftwicke *(Lathyrus odoratus)*
✿ 7–9	✿ 6–10	✿ 7–10	✿ 5–8	✿ 7–10	✿ 6–9
⬆ 160–250 cm	⬆ 20–70	⬆ 70–120	⬆ 30–60	⬆ 40–250	⬆ Kletterer, bis 250
Prächtige hohe Blütenkerzen, die sich aus seidigen, einfachen oder gefüllten Einzelblüten zusammensetzen. Viele Farben. Stehen gut am Zaun, weil die hohen Blütenstängel häufig eine Stütze brauchen.	Die leuchtenden, margeritenähnlichen Blüten gibt es in Gelb und Orange, einfach und gefüllt. Ihr Laub ist rau behaart und länglich-oval. Alte Heilpflanze; wirkt in Salben und Ölen wundheilend und hautberuhigend.	Verbreiten mit ihren einfachen, offenen Blütenschalen über zart gefiedertem Laub natürlichen, duftigen Charme. Es gibt weiße und rosa Sorten. Hohe Nährstoff- und Wasseransprüche.	Es gibt sie in zahllosen Sorten, Farben und Farbkombinationen. Lieben leicht kalkhaltige Böden und gelegentliche mineralische Düngung, z. B. durch Flüssigpräparate. Günstig ist eine Reisigdecke im Winter.	Der beliebte Gigant gehört zu den populärsten Blumen überhaupt. Gelbe Strahlenblüten reihen sich um eine dunkle Mitte. Großer Nährstoff- und Wasserbedarf. Hohe Sorten stäben.	Die Kletterpflanze blüht in zahlreichen Farben. Meist wird sie als bunte Prachtmischung verkauft. Pflegeleicht; duftende Schmetterlingsblüten, auch in der Vase lange haltbar.

					**Mögliche Ergänzungen zu diesen Pflanzen:** Wer nebenstehenden Pflanzvorschlag mit Stauden und Gehölzen ergänzen möchte, kann die Bauerngarten-Atmosphäre mit Rittersporn, Phlox, Pfingstrosen sowie Alten Strauchrosen oder Flieder stimmig ausbauen.
Bechermalve *(Lavatera trimestris)*	Jungfer-im-Grünen *(Nigella damascena)*	Mehl-Salbei *(Salvia farinacea)*	Studentenblume (*Tagetes*-Patula-Hybriden)	Kletterrose 'Golden Showers'	
✿ 7–10	✿ 6–10	✿ 6–10	✿ 6–10	✿ 6–10	
⬆ 50–100	⬆ 30–60	⬆ 50–80	⬆ 20–50	⬆ 200–300	
Zauberhafte durchscheinende Blüten erscheinen überreichlich an reich verzweigten, breiten Büschen. Ein pflegeleichtes Kleinod in jedem Blumengarten! Es gibt weiße und rosafarbene Sorten.	Charmanter, filigraner Blüher in zarten Blau- und Rosatönen sowie in Weiß mit haarfeinem Laub. Bildet dekorative ballonartige Samenstände, hübsch in Trockensträußen.	Attraktiver und vielseitiger Sommerblüher. Auch als Stauden- und Rosenbegleiter einsetzbar. Stängel und Blätter sind unterseits weiß-filzig »bemehlt«. Bildet verzweigte Horste.	Unempfindlich, wüchsig und blühfreudig, wirken sie als farbige Fläche, aber auch als Einfassung. Viele Formen in Gelb, Orange und Rotbraun. Die gefiederten Blätter duften herb.	Problemlos in der Kultur. Ihre gelben Blüten öffnen sich von Juni bis in den Oktober hinein und heben sich kontraststark vom glänzend dunkelgrünen Laub ab.	

⊙ = Einjährige Pflanze, ⊙ = Zweijährige Pflanze, ⓩ = Zwiebelblume, ✿ = Blütezeit, ⬆ = Höhe (in cm), * Blatt/Blütenhöhe, ⊗ = frostfrei überwintern

Rosen

Die Königin der Blumen – mal ganz pflegeleicht

Mit Wildrosen, Alten Strauchrosen und Bodendeckern geht's auch im Rosengarten lazy zu.

Sie ist einfach die Krönung des Blumengartens. »Königin Rose« trägt ihren Titel nicht umsonst. Aber wie das mit den blaublütigen Herrschaften so ist, steht sie im Ruf, etwas kapriziös, verwöhnt und pflegeaufwändig zu sein. Also nichts für den pflegeleichten Garten? Nur nicht die Flinte ins Korn werfen. Im unendlichen Sortendschungel gibt es eine Menge äußerst bodenständigen Adels. Schließlich gehört die Rose zu den ältesten Kulturpflanzen überhaupt. Sie hätte kaum all die Jahrtausende überlebt, wenn sie empfindlich und sensibel wäre.

Die historische Spur führt zu den pflegearmen Rosengruppen. Alle **natürlichen Wildformen** der Rosen sind ebenso robust und unkompliziert wie alle anderen Gehölze der freien Natur. Hundsrose, Weinrose, Zimtrose und ihre Geschwister sind frosthart, genügsam und gesund. Im Garten kann man sie als blühwillige und im Herbst fruchtgeschmückte, naturnahe Hecken einsetzen, die mit ihren Dornen jeden Zaun erübrigen. Einmal gepflanzt, kann man sie jahrelang sich selbst überlassen.

Alte Rosen verkörpern gewissermaßen die direkten Nachfahren der Wildrosen. Griechen, Römer und Perser kultivierten bereits die ersten Kulturformen, die dann auf abenteuerlichen Wegen über die Alpen gelangten. Diese Strapazen überstanden sie nur, weil sie sich als ausgesprochen hart im Nehmen, widerstandsfähig und frosthart erwiesen. Dies gilt besonders für die Sorten der Alba- und Gallica-Gruppe. Durch Züchtung wurden viele Alte Rosen weiterentwickelt. Sie betören heute mit den typischen üppig gefüllten Blüten und ihrem himmlischen Duft. Dieser romantisch-nostalgische Charme macht sie zu Top-Hits auf der Beliebtheitsskala.

Ihre Widerstandsfähigkeit gegen Krankheiten macht Pflanzenschutz überflüssig, ihre Frosthärte erübrigt Winterschutz-Maßnahmen. Alte Rosen wachsen zu teilweise stattlichen Sträuchern heran und blühen in der Regel nur einmal, wie das für Gehölze eigentlich normal ist.

Angesichts der Öfterblütigkeit moderner Züchtungen kreidet man ihnen das jedoch häufig als Nachteil an. Der eher genussorientierte Gärtner kann sich darüber nur freuen. Denn der jährliche Frühjahrsschnitt entfällt dadurch ebenso wie das sonst notwendige laufende Ausschneiden verwelkter Blüten. Stattdessen darf man im Herbst Hagebutten genießen. Erst nach einigen Jahren wird der Griff zur Schere ab und an fällig.

Rambler beim Klettern

zu beobachten macht in der Hängematte am meisten Spaß. Doch Vorsicht, diese urwüchsigen Senkrechtstarter wachsen einem schnell über den Kopf. Räumen Sie ihnen also nach oben den nötigen Platz ein! Auf der Erde beanspruchen sie dafür umso weniger – ein Plus für kleine Gärten! Am wirkungsvollsten lässt man sie alte Bäume erobern. Rambler sind einmalblühende Kletterrosen mit weichen, biegsamen, reich bedornten und bis zu zehn Meter langen Trieben. Damit hangeln sie sich von alleine in die Krone und schenken etwa alten Obstbäumen eine zweite Blüte. Nur bis zu den untersten Ästen brauchen sie eine Rankhilfe. Beim Anbringen gleich die Hängematte mit befestigen, denn weitere Pflegemaßnahmen sind nicht nötig.

Wildrosen mit ihren einfachen Schalenblüten blühen nur einmal, dafür umso üppiger.

Alte Rosen wie die Gallica-Sorte 'Charles de Mills' verbreiten nostalgischen Charme.

Der Rambler 'Weddingday' lässt seine Blütengirlanden malerisch einen Baum erklimmen.

Bodendeckerrosen

wurden für den flächigen Einsatz im öffentlichen Grün entwickelt. Pflegeleichtigkeit und Unkompliziertheit gaben hier also schon die Züchtungsziele vor. In dieser Gruppe finden sich niedrige Strauchrosen ebenso wie breitbuschige Beetrosen oder Zwergrosen, einmalblühende wie öfterblühende Sorten. Entsprechend groß fällt die Vielfalt an Wuchsformen aus. Ob flach niederliegend oder buschig aufrecht, gemeinsam ist ihnen, dass sie durch dichtes Blattwerk und reiche Verzweigung Bodenflächen dicht bedecken und so den Unkrautwuchs unterdrücken.

Sie erreichen Höhen zwischen 30 und 100 Zentimetern. Die Breite kann bei manchen Sorten ein Mehrfaches betragen. Im Garten gestaltet man mit ihnen naturnahe Blütenflächen oder lässt ihre Schleier über Terrassenhänge oder niedrige Mauern fallen. Öfterblühende Sorten »reinigen« sich in der Regel selbst. Verblühtes braucht man also nicht zu entfernen. Man kann sie sich selbst überlassen. Befriedigt der Wuchs nach einigen Jahren nicht mehr, schneidet man sie radikal auf ein Drittel zurück. Einzelexemplare fügen sich auch gut in eine Staudenrabatte ein.

Rosen in Kombination

Erst der passende Hofstaat macht den glanzvollen Auftritt perfekt. Blühende Begleitpflanzen unterstreichen Rosen in ihrer Wirkung und beeinflussen die Stimmung des Ensembles. Darüber hinaus bleiben Rosen in gemischten Pflanzungen gesünder als in reinen »Monokulturen«.

Kräuter und blau blühende Begleiter, hier Katzenminze und Lupinen, stehen Rosen gut.

Weißer Rittersporn wächst mit der ADR-Strauchrose 'Westerland' um die Wette.

Ein bewährtes Team bilden Rosen mit **Kräutern**. Sie standen schon in den mittelalterlichen Klostergärten nebeneinander. Das intensive Aroma hält so manchen Schädling auf Distanz und die Königin gesund. Lavendel gilt inzwischen als geradezu klassischer Bodyguard. Aber auch Salbei, Thymian, Ysop, Bergbohnenkraut oder einige Wermut-Sorten erfüllen diesen Zweck und stehen Rosen außerdem hervorragend zu Gesicht. Ihr graues Laub verleiht vor allem rosafarbenen Sorten eine besonders romantisch-ätherische Wirkung. Das prädestiniert sie als Traumpartner für Alte Rosen mit ihrer ohnehin nostalgischen Ausstrahlung.

Außerdem passen – wen wundert's – blaublütige Begleiter gut zur Königin. Wobei der Begriff hier ganz wörtlich gemeint ist. Blau ist die einzige Farbe, die im Blütenspektrum der Rosen nicht vorkommt; deshalb ergänzt sie alle Rosen perfekt. Dies erklärt die traditionsreiche Rolle des **Rittersporns** als Rosenkavalier. Aber auch Katzenminze, Glockenblumen, Clematis sowie weißes Schleierkraut und gelber Frauenmantel gehören zu den **Klassikern**. Sie eignen sich, wegen der gleichen Blütezeit, gut zur Kombination mit einmalblühenden Rosen. Öfterblühende gehen auch wirkungsvolle Farbspiele mit vielen spätsommer- und herbstblühenden Stauden ein.

Strauchrosen setzt man, auf Grund ihrer stattlichen Erscheinung, eher in den Hintergrund von Rabatten , an den Zaun oder an eine Mauer. Natürlich wirken sie auch als Solitär im Rasen gut. Es unterstreicht jedoch ihre überragende Gestalt,

Robust, pflegeleicht und flexibel: 'The Fairy' überzeugt als Bodendecker- und Beetrose.

wenn man ihnen ein Heer an Begleitern zu Füßen zu legt. Sie sollten ihr allerdings nicht auf die Zehen steigen. Ein **Mindest-Pflanzabstand** von 50 Zentimetern sollte nicht unterschritten werden, um Wasser- und Nährstoffkonkurrenz zu vermeiden und ausreichende Belüftung sicherzustellen.

Bodendeckerrosen lassen sich wegen ihres kleineren Wuchses auch in den Vordergrund von Beeten harmonisch integrieren. Einzelne Exemplare der eher aufrecht wachsenden Sorten kann man wie Beetrosen verwenden. Tatsächlich sind die Grenzen hier fließend. Man sollte sie dann aber auch wie Beetrosen behandeln und jährlich zurückschneiden, damit sie kompakt bleiben. Sorten mit überhängendem Wuchs machen auch als Einfassung eine gute Figur.

Öfterblühende

Rosen haben diese Eigenschaft von den im 19. Jahrhundert eingekreuzten Chinarosen geerbt. So entstanden neben dauerblühenden Strauchrosen auch ganz neue Rosengruppen wie Beetrosen, Edelrosen und Zwergrosen. Durch die Konzentration der Züchter auf dieses Merkmal gerieten andere Eigenschaften, wie Duft, Winterhärte und Widerstandskraft, etwas ins Hintertreffen. Inzwischen hat man diesen Fehler erkannt, und gerade unter den ganz neuen Züchtungen gibt es wieder sehr robuste und pflegeleichte Naturen. Nur, wie soll man sie aus der Fülle des Angebots herausfinden?

Einen guten Anhaltspunkt gibt das **ADR-Prädikat**. Es steht für Allgemeine Deutsche Rosenneuheitenprüfung und wird nur an Sorten vergeben, die die »härteste Rosenprüfung der Welt« bestehen. Dazu werden sie mindestens drei Jahre lang an elf verschiedenen Standorten geprüft, ehe sie für widerstandsfähig und robust befunden werden.

Ebenso vielseitig: 'Sommerwind', eine Bodendecker- und Beetrose mit ADR-Prädikat

Pflegeleichte Rosensorten

(siehe auch Grafik und Tabelle Seite 66/67)

Alte Strauchrosen:

- 'Cardinal de Richelieu' (Gallica-Rose) – purpurviolett, halbgefüllt, einmalblühend, Duft, 120–150 cm
- 'Commandant Beaurepaire' (Bourbon-Rose) – rosa-purpur-weiß marmoriert, dicht gefüllt, einmalblühend, intensiver Duft, 130–150 cm
- 'Félicité Parmentier' (Alba-Rose) – zartrosa, dicht gefüllt, einmalblühend, intensiver Duft, 120–150 cm
- 'Isphahan' (Damaszener-Rose) – rosa, dicht gefüllt, einmalblühend, intensiver Duft, 130–150 cm
- 'Jacques Cartier' (Portland-Rose) – rosa, dicht gefüllt, wiederholt blühend, intensiver Duft, 100–150 cm
- 'Königin von Dänemark' (Alba-Rose) – rosa, dicht gefüllt, einmalblühend, Duft, 130–150 cm
- 'Leda' (Damaszener-Rose) – weiß mit purpurnen Spitzen, gefüllt, einmalblühend, intensiver Duft, 150 cm
- 'Maiden's Blush' (Alba-Rose) – zartrosa-weiß, locker gefüllt, einmalblühend, Duft, 130–150 cm
- 'Maxima' (Alba-Rose) – rahmweiß, gefüllt, einmalblühend, Duft, 150–200 cm
- 'Versicolor' (Gallica-Rose) – rosa-weiß gestreift, locker gefüllt, einmalblühend, Duft, 100–130 cm

Ramblerrosen:

- 'Bobbie James' – cremeweiß, halbgefüllt, einmalblühend, Duft, 500–700 cm
- 'Félicité et Perpétue' – milchweiß-rosa, gefüllt, einmalblühend, Duft, 500–700 cm
- 'Venusta Pendula' – zartrosa-weiß, locker gefüllt, einmalblühend, zarter Duft, 500–700 cm
- 'Christine Hélène' – gelb, locker gefüllt, öfterblühend, 300–500 cm

Wildrosen:

- Hundrose *(Rosa canina)* – rosa, ungefüllt, einmalblühend, zarter Duft, 200–300 cm
- Zimtrose *(Rosa majalis)* – rosa-rot, ungefüllt, einmalblühend, zarter Duft, 150–200 cm
- Weinrose *(Rosa rubiginosa)* – rosa, ungefüllt, ungefüllt, zarter Duft, 200–300 cm

Bodendeckerrosen:

- 'Fairy Dance' – blutrot, stark gefüllt, öfterblühend, zarter Duft, 30–60 cm
- 'Loredo' – gelb, locker gefüllt, öfterblühend, zarter Duft, 60–70 cm
- 'Sommerwind' – rosa, locker gefüllt, öfterblühend, 50–70 cm, ADR[1)]
- 'Swany' – weiß, dicht gefüllt, öfterblühend, zarter Duft, 40–50 cm

Strauchrosen:

- 'Lichtkönigin Lucia' – gelb, gut gefüllt, öfterblühend, zart duftend, 100–150 cm, ADR[1)]
- 'Westerland' – apricot-orange, locker gefüllt, öfterblühend, intensiver Duft, 150–200 cm, ADR[1)]

Beetrosen:

- 'Aspirin'*(Rosa)* – weiß-rosa, gefüllt, öfterblühend, 60–80 cm, ADR[1)]
- 'Chorus'*(Rosa)* – zinnoberrot, gefüllt, öfterblühend, zarter Duft, 50–70 cm, ADR[1)]
- 'Sun Star' – gelb, gefüllt, öfterblühend, 80 cm, ADR[1)]

Kletterrosen:

- 'Super Excelsa' – karminrosa, stark gefüllt, öfterblühend, 200–300 cm, ADR[1)]
- 'Flammentanz' – rot, gefüllt, einmalblühend, 400–500 cm, ADR[1)]

ADR[1)] = Sorte mit ADR-Prädikat

Containerrosen kann man auch in blühendem Zustand kaufen und rund ums Jahr pflanzen.

Pflegepraxis Rosen

Vewöhnen Sie Ihre Majestät mit einem Logenplatz im Garten, sie wird es mit üppigem Wachstum, Blütenreichtum und Gesundheit danken. Mit überlegter Sortenwahl halten sich weitere Pflegemaßnahmen dann in Grenzen. Lassen Sie sich von Blüten und Duft lieber zum Träumen verführen!

Fix und pflanzfertig: Die verrottbaren Behälter kommen einfach mit in die Erde.

Vor dem Pflanzen mehrere Stunden wässern, am besten in einen Eimer tauchen.

Wie alle Gehölze können Rosen Jahrzehnte alt werden. Da sie so lange an ihrem Platz ausharren, kommt der **Wahl des passenden Standorts** eine besondere Bedeutung zu. Gestehen Sie der Königin in diesem Punkt etwas gehobene Ansprüche zu. Alle Rosen schätzen tiefgründige, nahrhafte, aber dennoch lockere, humusreiche Böden sowie viel Sonne und Wärme. Gute Belüftung muss allerdings auch sichergestellt sein, denn stauende Hitze, etwa vor Südwänden, fördert den Befall mit Pilzkrankheiten. Es lohnt sich, mangelnde Bodenqualität mit Bodenverbesserungsmaßnahmen (siehe Seite 14 f.) im Pflanzbereich auszugleichen. Der einmalige Aufwand sorgt viele Jahre für besseres Gedeihen und ein geruhsameres Rosengärtnerdasein.

Mitte Oktober bis Ende November gilt als optimale **Pflanzzeit** für Rosen. Wer diesen Zeitraum verpasst hat, kann auch noch im März/April nachpflanzen. Diese Termine gelten für wurzelnackte Rosen, die ohne Erde und ohne Austrieb verkauft werden. Der Fachhandel bietet aber auch »wurzelballierte« Ware in praktischen Verkaufsverpackungen pflanzfertig an. Ein mit Erde gefüllter Behälter aus verrottbarem Material schützt die Wurzeln vor Austrocknung und erlaubt die Bildung erster Saugwurzeln. Den Behälter pflanzt man einfach mit ein.

Die Veredlungsstelle sollte fünf Zentimeter unterhalb der Bodenoberfläche liegen.

Anhäufeln schützt die empfindliche Veredlungstelle vor Frostschäden.

Rund um das Jahr kann man Containerware pflanzen. Das sind Rosen in großen Kunststofftöpfen, die auch in beblättertem und sogar blühendem Zustand angeboten werden.

Zum **Pflanzen** eine Grube von mindestens 40 × 40 × 40 Zentimetern ausheben. Alle Rosen vor dem Einsetzen mehrere Stunden gut wässern. Bei Wurzelnackten die Triebe auf etwa 20 Zentimeter Länge stutzen und die Wurzeln leicht einkürzen. Containerware austopfen. Wichtig: Die Veredlungsstelle, der Abschnitt, an dem die Triebe aus der Wurzelunterlage wachsen, sollte fünf Zentimeter unter der Erdoberfläche liegen. Den Aushub mit Kompost und gegebenenfalls zusätzlichen Stoffen verbessern und anfüllen. Erde leicht festtreten, einen Gießrand ausformen und gut wässern.

Übers Jahr

hilft den Rosen eine **Dünger-Starthilfe** aus Kompost oder organischem Langzeitdünger zum Austrieb. Die Saison kann man dann wirklich locker angehen. Gießen ist überflüssig. Als Tiefwurzler erschließen sich Rosen weite Bodenschichten. Nur bei anhaltenden Trockenperioden muss man eingreifen. Die Maxime heißt dann: selten, aber reichlich. Das heißt mindestens drei, vier Gießkannen, aber nie über die Blätter, sondern direkt in den Wurzelbereich kippen – oder einfach den Gartenschlauch an die Basis legen.

Bei öfterblühenden, modernen Züchtungen unterstützt das laufende Abschneiden verwelkter Blüten den Ansatz neuer. Einmalblühende Rosen brauchen diese Maßnahme ebensowenig wie aufwändigen Winterschutz. Für etwas Frostschutz der empfindlichen Veredlungstelle durch **Anhäufeln** sind jedoch auch Alte Rosen dankbar. Dazu häuft man ab Dezember etwa 20 Zentimeter hoch Erde um den Fuß der Rose, die man März/April wieder entfernt.

Regelmäßiger **Schnitt** vor dem Austrieb ist nur bei modernen Strauch- und Beetrosen wichtig. Erstere stutzt man um rund ein Drittel zurück, Beetrosen um zwei Drittel. Bei einmalblühenden Alten Rosen würde man damit nur die Blüten reduzieren. Lassen Sie also das Werkzeug ruhig im Schuppen. Man sollte nur abgestorbene Triebe und alle paar Jahre altes Holz entfernen. Einzelne aus der Form geratene Triebe schneidet man im Sommer nach der Blüte zurück.

Im Frühjahr vor dem Austrieb ist der beste Zeitpunkt zum Auslichten und Zurückschneiden.

Abgestorbenes, krankes und altes Holz wird entfernt, das Strauchinnere ausgedünnt.

Ein Rosengarten zum Genießen

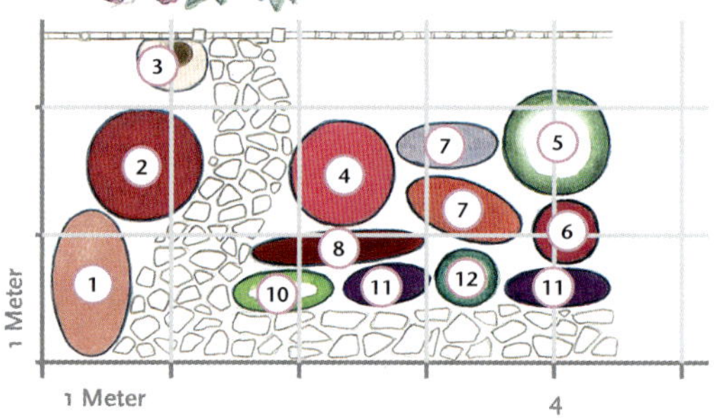

- **Thema:** Romantischer Garten mit pflegeleichten Rosensorten und Begleitern.
- **Blütezeit:** Von Juni bis Oktober; Höhepunkt zur Rosenhauptblüte Juni/Juli.

Die stattlichen Alten Rosen verbreiten mit ihren üppig gefüllten Schalen eine himmlich nostalgische Atmosphäre. Die zarten, zieselierten Blüten von Feinstrahl und Lobularien sowie die Girlanden des Ramblers in der Kiefern-Krone bieten die passende, romantische Kulisse, die auch durch das kühle Farbspiel in Weiß, Rosa, Purpur und Blau unterstrichen wird. Die öfterblühenden Bodendeckerrosen links sowie 'Rose de Resht' und 'Louise Odier' retten den Zauber bis in den Herbst, ebenso die Begleiter mit kurzen Blühpausen.

1. **Bodendeckerrose 'The Fairy'**
2. **Alte Rose/Strauchrose (Gallica-Rose) 'Charles de Mills'**
3. **Rambler-Rose 'Paul's Himalayan Musk'**
4. **Alte Strauchrose (Bourbon-Rose) 'Louise Odier'**
5. **Alte Strauchrose (Damaszener-Rose) 'Mme Hardy'**
6. **Alte Strauchrose (Damaszener-Rose) 'Rose de Resht'**
7. **Rittersporn (*Delphinium*-Elatum-Hybride) – blau, z. B. 'Ouvertüre', 'Berghimmel'**
8. **Phlox *(Phlox paniculata)* – dunkelrosa, z. B. 'Düsterlohe'**
9. **Phlox *(Phlox paniculata)* – hellrosa, z. B. 'Elfe'**
10. **Feinstrahl (*Erigeron*-Hybride) – weiß, z. B. 'Sommerneuschnee'**
11. **Feinstrahl (*Erigeron*-Hybride) – lilablau, z. B. 'Mrs. E. H. Beale' oder 'Adria'**
12. **Duftsteinrich *(Lobularia maritima)***

(Porträts siehe Tabelle Seite 67)

Pflegeleichte Rosen und Begleiter (Porträts zum Pflanzvorschlag Seite 66)

Alte Strauchrose
'Charles de Mills'

✿ 6–7

⬆ 130–150

Mit ihren dunkel purpurfarbenen, nostalgisch geviertelten Blüten von außerodentlich intensivem Duft und dem gefälligen Wuchs eine echte Kostbarkeit. Dabei ist die Sorte robust wie alle Gallica-Sorten und verträgt sogar Halbschatten.

Alte Strauchrose
'Louise Odier'

✿ 6–10

⬆ 150–180

Eine historische Sorte aus dem 19. Jahrhundert, die jedoch fast ununterbrochen bis zum Herbst durchblüht. Dennoch sehr widerstandsfähig. Sie bildet große, stark duftende Blütenschalen, die auch gut für die Vase geeignet sind.

Alte Strauchrose
'Mme Hardy'

✿ 6–7

⬆ 130–180

Eine der schönsten weißen Rosen. Die Blüten sind zwar nicht allzu groß, tragen aber ein bezaubendes grünes Auge und duften leicht zitronig. Der Strauch ist pflegeleicht und gesund, er gedeiht auch noch in halbschattigen Lagen.

Ramblerrose
'Paul's Himalayan Musk'

✿ 6–7

⬆ bis 10 m kletternd

Ihr zartes Aussehen steht in krassem Widerspruch zu ihrer robusten Art. Eine der wüchsigsten Rambler-Sorten überhaupt. Bildet unzählige kleine Blüten, die in dichten Büscheln zusammenstehen. Sie sind zunächst zartrosa, hellen später zu reinem Weiß auf.

Alte Strauchrose
'Rose de Resht'

✿ 6–10

⬆ 90–110

Die ideale Anfänger-Rose. Sie gedeiht auch ohne viel Zuwendung und blüht bis in den Oktober hinein. Sie verbindet den üppigen Charme und Duft Alter Rosen mit der Kleinwüchsigkeit und Öfterblütigkeit moderner Züchtungen.

Bodendeckerrose
'The Fairy'

✿ 6–10

⬆ 40–60

Der unermüdliche Dauerblüher bildet zahlreiche große Blütenstände aus kleinen hellrosa Rosetten. Der Strauch ist gesund und unempfindlich und bildet dichte, geschlossene Büsche mit dekorativ überhängenden Trieben. Passt auch gut einzeln in Blumenbeete.

Rittersporn
(*Delphinium*-Elatum-Hybriden)

✿ 6–7/8–10

⬆ 120–200

Ein klassischer Rosenbegleiter. Es gibt Sorten in allen denkbaren Blautönen, aber auch in Weiß. Liebt nährstoffreiche Böden in sonniger bis absonniger Lage. Schneidet man ihn nach der ersten Blüte bis kurz über den Boden zurück, blüht er im Herbst ein zweites Mal.

Feinstrahl
(*Erigeron*-Hybriden)

✿ 6–9

⬆ 30–70

Erinnert mit seinen Strahlenblüten an Astern, wirkt jedoch filigraner. Blüht je nach Sorte lilablau, violett, karminrosa oder weiß. Rückschnitt nach der ersten Blüte regt Nachblüte im Herbst an. Der Standort sollte sonnig, gut wasserversorgt, aber durchlässig sein.

Phlox
(*Phlox paniculata*)

✿ 6–9

⬆ 70–130

Die Prachtstaude passt auch gut in den Bauerngarten. Die vielen Sorten changieren im Farbspektrum rosa, purpurviolett und weiß, auch zweifarbig. Braucht nährstoffreichen, gleichmäßig feuchten, humosen Boden und Sonne. Nicht zu dicht pflanzen, sonst Mehltaugefahr!

Duftsteinrich
(*Lobularia maritima*) ⊙

✿ 6–10

⬆ 5–15

Der dankbare pflegeleichte Dauerblüher bildet flache, breite Polster, die sich dicht an dicht mit Blüten in Weiß, Rosa oder Purpurviolett bedecken. Man kann die einjährige Pflanze ab April direkt ins Beet säen. An einen sonnigen Platz pflanzen.

⊙ = Zweijährige Pflanze, ② = Zwiebelblume, ✿ = Blütezeit, ⬆ = Höhe (in cm), * Blatt/Blütenhöhe

Gehölze

Himmelhohe Blütenkronen – mehr als grüner Rahmen

Zierkirschen gibt es in verschiedenen Größen. Alle blühen überwältigend.

Überragende Blüher

Überragende Blüher im wahrsten Sinn des Wortes holt man mit Bäumen und Sträuchern in den Garten. Oft vergisst man, dass der Blumengarten nicht nur in den Beeten stattfindet. Ziergehölze werden vor allem als grüne Kulisse betrachtet, die Blumen und Stauden erst zum Leuchten bringen. Im Garten spielen sie in erster Linie die Rolle der Strukturgeber. Durch ihre Höhe schaffen sie Räume, legen Blickachsen fest, verwehren Durchblicke. Sie fungieren aber nicht nur als lebendiger Sichtschutz, sie brechen auch Lärm und Wind und spenden im Sommer mit ihrer Krone begehrten Schatten sowie Verdunstungskühle. Das dichte Geäst von Hecken und Sträuchern lockt Vögel und andere Kleintiere an. Kurzum: Gehölze rahmen den Garten ein und machen ihn erst richtig gemütlich. Da diese wichtigen Eigenschaften vor allem von Wuchsform und Verzweigung abhängen, übersieht man leicht, dass es auch unter den Gehölzen prachtvolle Blüher gibt.

Sind Gehölze arbeitsintensiv?

Einmal gepflanzt, gedeihen Bäume und Sträucher nahezu pflegefrei. Ihre Wurzeln dringen in tiefe Bodenschichten vor und sind auf keine weiteren Wasser- und Nährstoffgaben angewiesen. Im Gegenteil, zu viel Dünger, vor allem stickstoffhaltiger, verringert die Frosthärte. Winterfeste Arten bereiten auch keinen Stress mit Schutzmaßnahmen. Bleibt noch der Laubfall, der jedoch eine arbeitsarme Winterdecke für das Staudenbeet abgibt.

Und der Schnitt, wenn sie zu groß werden? Vorsicht, Irrtum! Keine Heckenschere der Welt kann zu groß dimensionierte Bäume dauerhaft auf Reihenhausgarten-Volumen zurechtstutzen. Das Ergebnis sieht scheußlich aus, und der Erfolg ist nur von kurzer Dauer. Hier hilft nur eins: von vornherein im richtigen Maßstab planen! Linde oder Atlaszeder sprengen früher oder später immer den Rahmen moderner, kleiner Gärten. Ein Zier-Apfelbäumchen oder ein Goldregen passt aber vielleicht sogar in den Vorgarten und verwandelt sich im Frühjahr auch noch in eine duftige Blütenwolke. Und selbst im Handtuchgarten finden, an den Zaun gesetzt, immer ein paar Ziersträucher Platz.

► Bauernjasmin

Philadelphus-Hybriden blühen rahmweiß von Mai bis Juni und werden bis zu drei Meter hoch, viele duften.

▼ Schmetterlingsstrauch

Die violetten, roten oder weißen Blüten von *Buddleja davidii* ziehen von Juli bis Oktober Falter an. Höhe: bis drei Meter.

▲ Flieder

Ein Traum an Duft und Farbe! Wenn sich Ende April/Anfang Mai die großen Rispen öffnen, parfümieren sie den ganzen Garten. *Syringa vulgaris* liegt in vielen Sorten vor, wobei die einfach blühenden stärker duften als die gefüllten. Das Farbspektrum reicht von Lila über Purpurviolett bis Weiß, selten auch Gelb. Die Sträucher werden etwa vier Meter hoch und treiben leider häufig lästige Ausläufer.

▼ Zierapfel

Zahlreiche Zuchtsorten (*Malus*-Hybriden) sorgen für ein fast unüberschaubares Sortiment. Sie wachsen als Kleinbaum oder strauchig und erreichen Höhen zwischen vier und acht Metern. Zieräpfel blühen überreich im Zeitraum Mai bis Juni, vor allem in Rosatönen, von Pastell bis fast Weinrot sowie in Weiß. Im Herbst haben sie einen zweiten Höhepunkt mit bunten Früchten und Herbstlaub. Sehr anpassungsfähig!

◄ Kolkwitzie

Malerisch überhängender Wuchs und eine Fülle rosafarbener Blütenbüschel, die sich aus einzelnen Glöckchen zusammensetzen, verwandeln den zwei bis drei Meter hohen Strauch im Mai/Juni in eine traumhafte Blütenwolke. *Kolkwitzia amabilis* gedeiht auf jedem Gartenboden, an sonnigen Standorten ebenso wie im lichten Schatten. Ihr süßlicher Duft lockt viele Bienen und Hummeln an.

Bunte Bäume & Sträucher

Der Fächer-Ahorn beschert dem Garten ein feurig-fulminantes Herbstfinale.

Das Blätterleuchten vieler Ziergehölze sorgt für einen weiteren Farbhöhepunkt. Nach dem Blütenrausch im Frühjahr oder im Sommer schmücken sich viele im Herbst mit feuriger Laubfärbung und bereichern damit den Saisonausklang, wenn die Blumen in den Beeten langsam spärlicher werden.

Weitere Blütengehölze

- **Sommerflieder *(Buddleja alternifolia)* – 3–4 m, Blüten zahlreich, lavendelfarben, duftend, 6–7, ○**
- **Scheinquitte *(Chaenomeles)* – 1–2 m, Blüten in Büscheln, rot, 3–6, essbare Früchte, ○–◑,**
- **Elfenbein-Ginster *(Cytisus × praecox)* – 1,5–2 m, Blüten gelb, rahmweiß, rosa, 4–5, ○**
- **Deutzie *(Deutzia)* – 0,5–1,5 m, Blüten in zahlreichen Büscheln, weiß oder rosa, 5–6, ○–◑**
- **Forsythie *(Forsythia)* – 2–3 m, Blüten gelb, zahlreich, 3–4, auch für Hecken, ○–◑,**
- **Rispen-Hortensie *(Hydrangea paniculata)* – 2–3 m, riesige weiße Blütenrispen, 7–9, Boden sauer bis neutral, frisch bis feucht, ◑**
- **Ranunkelstrauch *(Kerria japonica)* – 1–2 m, Blüten gelb, zahlreich, 5–6, auch für Hecken, ○–●**
- **Goldregen *(Laburnum)* – Baum oder Strauch, 5–6 m, Blüten lange gelbe Trauben, 5–6, ○–◑**
- **Fingerstrauch *(Potentilla fruticosa)* – 0,5–1,5 m, Blüten gelb, weiß, rosa, 6–10, ○–◑**
- **Japanische Blüten-Kirsche *(Prunus serrulata, P. subhirtella)* – 3–10 m, viele Sorten, Blüten zahlreich, rosa, weiß, vor dem Austrieb, 3–5, ○**
- **Rote Sommer-Spiere *(Spiraea japonica)* – 0,6–1 m, Blütenschirme, karminrosa, weiß, 7–9, ○–◑**
- **Pracht-Spiere *(Spiraea × vanhouttei)* – 2–2,5 m, Blüten weiß, zahlreich, 5–6, ○–◑**
- **Frühlings-Tamariske *(Tamarix parviflora)* – 3–5 m, Blütentrauben rosa, 5–6, ○**
- **Großblumiger Duft-Schneeball *(Viburnum × carlcephalum)* – 2–3 m, Blüten ballförmig weiß, Knospen rosa, intensiv duftend, 4–5, ○–◑**
- **Wolliger Schneeball *(Viburnum lantana)* – 1,5–3,5 m, weiße Blütenschirme, 4–5, ○–◑**
- **Weigelie *(Weigela)* – 2–3 m, Blüten glockig, in Büscheln, rosa, rot, weiß, 5–6, ○–◑**

○ = sonnig, ◑ = halbschattig, ● = schattig

Wie bunte Skulpturen recken farbig beblätterte Gehölze ihre Äste in den Himmel und heben sich markant von ihrer Umgebung ab. Ein Schmuckwert, den man sich nicht entgehen lassen, sondern im Garten gezielt einsetzen sollte. Einige Zuchtformen tragen den ganzen Sommer buntes Laub. Sie können wirkungsvoll die Blütenfarben der Beete aufgreifen. Rotlaubige Sorten von Ahorn, Berberitze oder Perückenstrauch korrespondieren dekorativ mit rosa, roten oder purpurfarbenen Blumen. Gelb oder weißgrün Gefleckte, wie Eschenahorn, Hartriegel oder Kriechspindel, verstärken die Aufhellerwirkung gleichfarbiger Blüten.

Doch im sommerlichen Farbgetümmel üppiger Blumengärten wollen diese zusätzlichen Akzente sparsam gesetzt sein. Im Herbst allerdings, wenn die Natur langsam auf winterliches Grau einstimmt, verlängern Blattfarben die Pracht der Gartensaison. Während manche Arten ihr Laub grün oder unscheinbar braun verfärbt abwerfen, zünden andere mit feurig glutvollen Gelb-, Orange- und Rottönen ein fulminantes Abschlussfeuerwerk und heizen die Stimmung noch einmal mächtig an. Zusätzliche Farbtupfer setzen bunte Früchte, wie die von Feuerdorn, Sanddorn, Zierapfel oder Scheinquitte, die außerdem als Nahrungsquelle für Tiere den Garten doppelt beleben.

Herbstfärbende Arten

- **Feuer-Ahorn *(Acer ginnala)* – 5–8 m, Kleinbaum, Verfärbung leuchtend rot , ○–◑**
- **Fächer-Ahorn *(Acer palmatum)* – 3–5 m, Strauch, Verfärbung karminrot, ○–◑**
- **Kupfer-Felsenbirne *(Amelanchier lamarckii)* – 6–8 m, Kleinbaum oder Strauch, Färbung leuchtend gelb, orange oder rot, auch dekorative Blüten und Früchte, ○–●**
- **Perückenstrauch *(Cotinus coggygria)* – 2–3 m, Strauch, Färbung orange bis rot, dekorative Samenstände, ○**
- **Weißdorn *(Crataegus)* – 2–10 m, viele Arten, Bäume oder Sträucher, Färbung gelb, orange oder rot, auch dekorative Blüten und Früchte, ○–◑**
- **Pfaffenhütchen *(Euonymus europaeus)* – 1,5–3 m, Strauch, Verfärbung gelborange-rot, Früchte, ○–◑**
- **Parrotie *(Parrotia persica)* – 5–7 m, Baum oder Strauch, Verfärbung gelb bis rot, ○–◑**
- **Essig-Baum *(Rhus typhina)* – 4–6 m, Baum, Verfärbung gelb bis rot, bildet Ausläufer, ○–◑**
- **Eberesche *(Sorbus)*– 5–12 m, viele Arten, Kleinbäume, Färbung gelb bis rot, auch dekorative Blüten und Früchte, ○–◑**

○ = sonnig, ◑ = halbschattig, ● = schattig

Pflegepraxis Gehölze

Ihre Standhaftigkeit und Robustheit ist sprichwörtlich. Als genügsame Selbstversorger sind Gehölze kaum auf unsere Hilfe angewiesen. Nur wenn Blühwilligkeit oder Wuchsform den Gartenansprüchen nach einigen Jahren nicht mehr genügen, bringt sie die Schere wieder in Form.

Als Symbol des Lebens gelten Bäume nicht umsonst. Sie trotzen Wind und Wetter, überleben auch dürre Jahre und werden sehr alt. So viel Vitalkraft braucht nicht viel Pflege. Wichtig ist, bei der **Pflanzung** auf gute, tief gehende Bodenlockerung zu achten. Verdichtete Bodenschichten, zum Beispiel auf Neubaugrundstücken, können regelrechte Wurzelbarrieren sein. Laubgehölze pflanzt man im Herbst, September/Oktober, oder im Frühjahr, März/April. Der Vorgang ist der gleiche wie bei den Rosen, nur der Aushub wird nicht so stark verbessert. Der Mutterboden ist getrennt von der restlichen Erde aufzubewahren und wird zuletzt wieder angefüllt. Gehölze sollten nach der Pflanzung nicht höher oder tiefer stehen als zuvor in der Baumschule. Für höhere Bäumchen empfiehlt sich in den ersten Jahren ein Pfahl als Anwachsstütze.

Nur in den ersten ein bis zwei Standjahren, bis sich ausreichend Wurzeln gebildet haben, ist zusätzliches **Gießen** erforderlich. Zu Düngern bitte nur dann greifen, wenn sich wirklich Mangelsymptome abzeichnen. Schäden durch zu viel an Dünger sind bei Gehölzen häufiger als durch zu wenig.

Zum Überleben brauchen Gehölze keinen **Schnitt**. Wer sich gar nicht ans Holz traut, macht also nichts falsch. Allerdings lassen sich Aussehen und Blütenpracht vieler Ziersträucher verbessern, wenn man wenigsten alle paar Jahre einmal Säge und Schere ansetzt. Laubgehölze stutzt man am besten im laublosen Zustand, also während der kalten Jahreszeit. Zur **Verjüngung** älterer Exemplare entfernt man abgestorbenes und verletztes Holz sowie die ältesten Triebe knapp über dem Boden, damit sich Jungtriebe, die in der Regel mehr Blüten hervorbringen, entwickeln können. Außerdem lichtet man im Inneren zu dicht stehende sowie sich überkreuzende Zweige aus, um Licht und Luft hereinzulassen.

Sommergrüne Gehölze schneidet man während der Winterruhe. Abgestorbene Triebe an der Basis entfernen.

So gelingt die Beetgestaltung

Wie setzt man Ideen in überzeugende Pflanzkombinationen um? Etwas Planung und Überlegung vorab sparen später Zeit und Mühe.

Gestaltung

Traumhafte Gartenbilder statt Pflanzensammelsurium

Harmonische Kunstwerke: Englische Rabatten sind mehr als nur Blumenbeete.

Über Geschmack lässt sich nicht streiten. Das ist altbekannt. Was also ist bitte ein schöner Garten? Während der Eine von überbordenden Rabatten träumt, kommt der Nächste bei naturnahen, wildhaften Szenen ins Schwärmen, und wieder ein Anderer hält strenge Formen in puristischem Grün für den ultimativen Stil. Nun, nichts davon ist falsch. Jeder Weg führt zum Ziel, nämlich zu dem Garten, der Ihnen gefällt und der zu Ihnen passt. Wer als Gärtner seine knappe Freizeit lieber genießt, als ständig umzupflanzen und neu zu gestalten, für den ist es nützlich, sich ein paar Tricks bei den Profis abzugucken. So nimmt Ihr Traumgarten schneller Gestalt an und verursacht auf dem Weg dorthin weniger Frust und Arbeit. Unter diesem Aspekt sollte man die Gestaltungs-Theorie sehen. Keinesfalls darf sie zum einengenden Korsett werden, das Ihre Kreativität blockiert!

Probieren geht über studieren, im Garten allemal. Schließlich gleicht kein Standort exakt dem anderen. Jede Pflanzenkombination wird in jedem Garten eine etwas andere Entwicklung nehmen. Erweist sich Ihr Boden wider Erwarten für eine bestimmte Idee doch nicht als tragfähig? Dann werfen Sie die kümmernden Pflanzen raus und geben sie auf den Kompost. Als Erde kommen sie dann wieder ins Beet und geben neuen Gestaltungsideen Nahrung.

Ihre Vorlieben prägen also das Thema des Gartens oder einzelner Beete, etwa bestimmte Lieblingspflanzen, auf die der Rest der Gestaltung dann abgestimmt wird, spezielle Farb-Schwerpunkte oder die Betonung Ihrer Lieblingsjahreszeit. Wählt man ein Motto, wie Duftgarten, Waldgarten oder fernöstlicher Garten, sollte es auch zur Architektur des Hauses passen. Ein üppiger Bauerngarten wirkt vor Spitzgiebel und Sprossenfenstern einfach stimmiger als vor Glas-Metall-Konstruktionen. Damit am Ende aus den ausgewählten Pflanzen stimmungsvolle Beete entstehen, nützt es, schon bei der Planung ein paar hilfreiche Grundsätze erfolgreicher Gartendesigner zu berücksichtigen.

Dynamik für die Beete

Immer wieder taucht das Thema Gelb in verschiedenen Variationen auf, vom Blatt bis zur Blüte.

Rhythmus und Taktfolgen

bestimmen nicht nur in der Musik Temperament und Atmosphäre des Zusammenklangs. Auch in Pflanzungen beeinflussen sie Harmonie und Gesamtwirkung.

Eine Sinfonie lebt von Wiederholungen. So wie eine immer wiederkehrende Melodiepassage ein Musikstück verbindet, fügen auch sich wiederholende Pflanzengruppen die Optik eines Beetes zu einem harmonischen Ganzen zusammen. Ein Thema kann dabei durchaus in verschiedenen Variationen gespielt werden. Das Orchester aus Stauden, Blumen und Gehölzen beherrscht die Klaviatur der Spielarten ebenso virtuos wie Musikinstumente.

Im Klartext heißt das: Reihen Sie Ihre Pflanzen nicht irgendwie auf, sondern verteilen Sie sie in mehreren Grüppchen oder fließenden Bändern über die Beetfläche. So taucht die gleiche Pflanze an verschiedenen Stellen immer wieder auf und erinnert an Ihr Thema. Vermeiden Sie dabei regelmäßige Abstände und immer gleich große Gruppen. Je weniger schematisch, desto gefälliger die Wirkung. Die Größe der Pflanzengruppen hängt von der Größe der Pflanzen ab.

Gartenplaner unterscheiden:

- **Leitpflanzen** dominieren den Eindruck durch ihre Größe, Wuchsform oder Farbe. Sie bilden das Gerüst einer Pflanzung. Typische Arten sind z. B. Rittersporn oder Eisenhut. Pflanzt man sie jedoch mit noch stattlicheren Pflanzen zusammen, wie Strauchrosen oder Waldgeißbart, fungieren sie als Begleiter. Leitstauden pflanzt man in Gruppen von ein bis drei Einzelexemplaren.
- **Begleitpflanzen** sind mittelhoch und in ihrer Wirkung auf die Leitpflanzen abgestimmt. Man setzt sie in Gruppen von vier bis sechs Exemplaren.
- **Füllpflanzen** sind niedrige Arten, oft Bodendecker, die in hohen Stückzahlen Lücken zwischen den Großen schließen.

Auf kleinen Beeten fallen Wiederholungen natürlich schwer. Man kann hier jedoch ein Thema, z. B. eine bestimmte Farbe oder Form, durch verschiedene Pflanzen immer wieder aufgreifen.

Wiederholung schlanker Blütenstände: Grüppchen von Fingerhut und Glockenblumen.

Rund, hoch, breit, überhängend: Schon ohne Blüten-Farbtupfer wirkt dieses Ensemble spannend.

Von grünen Formen ...

Auch Blumen haben Blätter und Stängel. Mit ihren Gestalten und Silhouetten tragen sie wesentlich zum Gelingen einer Pflanzung bei. Wuchsformen und Texturen geben Beeten Struktur. Es lohnt sich, diesen wertvollen Gestaltungsmitteln etwas Aufmerksamkeit zu schenken!

Ob Polster oder Fontäne,

ob Nadel oder Wedel, **Wuchs- und Blattformen** stehen an Vielfalt dem Blütenspektrum nicht nach. Natürlich spielen Blüten im Blumengarten die Hauptrolle. Aber Volumen und Fülle, Kulisse und Untermalung bringen die grünen Pflanzenteile ein. Und da sie auch außerhalb der Blütezeiten präsent sind, prägen sie ein Ensemble sogar noch nachhaltiger.

Die Kunst liegt dabei in der geschickten Abwechslung. Ein Einerlei an ähnlichen Formen wirkt schnell langweilig. Spannung und Dynamik stellen sich durch die **Kontraste** ein. Straff aufrechte Arten wie viele Gräser oder Königskerzen geben einer Pflanzung Halt und stecken einen hohen Rahmen ab. Überhängende Horste, wie von Taglilien, Lampenputzergras oder Farnen, stellen weiche, sanfte Übergänge im Beet her. Niedrige Polster mit ihren runden Formen konterkarieren schlanke Gestalten. Teppichbildner modellieren die unterste Ebene. Als bunt gemischtes Team sind sie unschlagbar.

Schmale Grashalme über runden Frauenmantelblättern wirken auch außerhalb der Blütezeiten.

Doch nicht nur Verzweigung, Höhe und Silhouette prägen die Gesamterscheinung einer Pflanze. Auch Blatt ist nicht gleich Blatt. Manche Stauden grünen schon mal blau, grau, gelb, rot oder sogar mehrfarbig. Neben den Unterschieden in der Farbe gibt aber auch die **Textur** den Ton an. Damit ist das Aussehen der Blattoberfläche gemeint. Lassen Sie geteiltes, sattgrünes Laub, z. B. vom Storchschnabel, mit ganzrandig silbrigem – wie vom Wollziest – kontrastieren. Setzen Sie glatt glänzendes Immergrün zwischen runzelig genervtes Schaublatt. Mixen Sie dünne Grashalme mit breiten Farnwedeln, große ganzrandige Blätter, etwa vom Frauenmantel, mit filigran gefiedertem wie Zierfenchel oder Edelraute. Letztere verleihen einem Beet duftige Leichtigkeit, großlaubige sorgen für Bodenhaftung.

Im Staudenbeet grünt es auch 'mal silbrig oder rot – hier Kräuter und Purpurglöckchen.

... und dritter Dimension

Geschickte Höhenstaffelung zaubert Blütenlandschaften in den Garten. Platzieren Sie Berge und Täler bewusst, so entgeht Ihnen kein Detail. Rabatten blühen meist in mehreren Etagen. Wo Sie diese ansiedeln, hängt von der Lage des Beetes und den verwendeten Pflanzen ab.

Inselbeete müssen von allen Seiten gut aussehen. Der Blütenhöhepunkt liegt in der Mitte.

Es kommt auf die Perspektive an, aus der ein Beet hauptsächlich betrachtet wird. Lehnt es sich an einen Zaun oder eine Mauer an, genießt man seinen Anblick nur von einer Seite. Die Höhenstaffelung der Pflanzen von klein im vorderen Bereich nach groß im Hintergrund liegt also nahe. Wie viele Blütenetagen man den überragenden Stauden zu Füßen legt, hängt letztendlich von der Tiefe der Pflanzfläche und damit vom zur Verfügung stehenden Platz ab. Drei verschiedene Niveaus sollten jedoch mindestens abwechseln. Alle weiteren bringen mehr Lebendigkeit. Achten Sie darauf, dass Sie die Höhenlinien nicht »mit dem Lineal« ziehen. Es soll kein Treppeneindruck entstehen. Lassen Sie die niedrigeren Zonen an einigen Stellen bis zum Beethintergrund einbrechen oder pointieren Sie eine Bodendeckerfläche mit einem einzelnen höheren Solisten. So entsteht eine natürliche Berg- und Tallandschaft.

Ein Mix verschieden hoher Arten schafft eine Blumenlandschaft aus Hügeln und Tälern.

Der Blickwinkel bleibt immer gleich, da der Hintergrund mit einer Hecke abschließt.

Anders ist die Situation natürlich bei Beeten, die von zwei Seiten aus betrachtet werden, etwa im Vorgarten, bei Raumteilern oder Inseln im Rasen. Sie brauchen ein Zentrum aus hohen Sorten und ein nach allen Rändern hin abfallendes Niveau. Größen richtig zu planen, erweist sich häufig jedoch als gar nicht so einfach. Etwas Experimentierfreude ist unerlässlich. Denn das Wachstum einer Art hängt stark vom Standort ab und kann sehr unterschiedlich ausfallen.

Die Ausnahme von der Höhenstaffelungsregel sind Frühjahrsblüher, wie Zwiebelblumen, Mohn oder Tränendes Herz. Man setzt sie in den Beethintergrund, denn sie entfalten bereits ihre Pracht, während die anderen Stauden noch im Austrieb und klein sind. Dafür ziehen sie nach der frühen Blüte ein und hinterlassen Lücken im Beet, die vorgepflanzte Arten dann perfekt verdecken.

Räume gliedern …

Wohin mit den Blumen?

Die Größe der Gartenfläche kann man in der Regel wenig beeinflussen. Die Art der Bepflanzung hat man jedoch in der Hand. Durch das Setzen von Blickachsen und Barrieren verändert man das Raumgefühl. Blumenbeete übernehmen dabei eine wichtige Funktion.

Beete teilen die Rasenfläche in mehrere Räume auf. Der Garten wirkt dadurch größer.

Dekorativer als jeder Zaun: ein blühender Raumteiler aus Mohn, Rittersporn und Nachtkerzen.

Klassisch ist

die Rabatte am Zaun oder das Beet an der Terrasse oder im Vorgarten. Doch darauf braucht sich der Blumengarten nicht zu beschränken. Zwar wirkt die blühende Einfassung dekorativ, aber gerade in kleinen Gärten gibt es weitere interessante und spannende Möglich keiten. Optische Teiler und Blickbarrieren machen kleine Räume größer. Klingt zunächst widersprüchlich, stimmt aber. Während in Parks und großen Gärten diese Aufgabe vor allem Gehölzen zukommt, können auf kleinen Flächen auch Beete mit hohen Stauden, wie Gräsern, Waldgeißbart, Sonnenblumen, Sonnenauge, Rittersporn oder Eisenhut, diese Funktion übernehmen – zumindest im Sommer. Im Winter ziehen Stauden ein. Aber in der dunklen Jahreszeit kann etwas mehr Transparenz durchaus willkommen sein. Unterbrechen Sie große Rasenflächen mit Blumenbeeten. Lassen Sie eine Rabatte ins Zentrum Ihres Handtuchgartens hineinragen. So entstehen optisch verschiedene Räume, die man unterschiedlich gestalten und nutzen kann, selbst wenn sie nicht völlig blickdicht abgeschirmt sind. Die unterbrochenen Blickachsen wecken die Neugier auf versteckte Nischen. Der Garten wirkt dadurch größer, als er ist.

Bei der Bepflanzung der Beete auf die **Proportionen** achten! Sehr schmale oder kleine Flächen nicht allein mit allzu riesigen Pflanzen besetzen. Profis orientieren sich an der **Faustregel**: 20 bis 30 Prozent der Beetfläche nehmen hohe Arten ein, 30 bis 40 Prozent mittelhohe und 40 bis 50 Prozent niedrige. Wobei die höchste Pflanze nicht höher als das Beet breit sein sollte.

Traditionell säumen Blumenbeete entlang des Zauns das Grundstück ein.

... mit Formen spielen

Linien und Begrenzungen von Rabatten und Beeten beinflussen ihre optische Wirkung enorm. Formale Gärten sind von Geraden und geometrischen Konturen geprägt. Je unregelmäßiger, geschwungener, fließender sich Blumenflächen in den Garten einfügen, desto natürlicher empfinden wir sie.

Wer weiß, was er tut, kann tun, was er will. Nur, machen Sie sich bewusst, was Sie mit welchen Mitteln bewirken! Denn erlaubt ist, was gefällt. Ein streng formaler Garten hat ebenso seine Reize wie eine naturnahe Pflanzung.

Doch während im ersten Fall Blumenbeete eher als farbige Flächen von geometrischem Grundriss eingesetzt werden, oft noch von exakt getrimmten Buchslinien gefasst, wirken sie im zweiten Fall mehr wie zufällig hingestreut und voller ungezähmter Lebendigkeit.

Gerade Wegränder verkürzen optisch. Der Pfad erscheint kürzer als er ist.

Geschwungene Beetränder wirken natürlicher, überhängende Stauden weichen Linien auf.

Trotz Buchseinfassung sorgen die geschwungenen Linien und die Pflanzenvielfalt für lockeres Flair.

Auch zwischen diesen beiden Extremen gilt das Prinzip: Die Form der Beete bestimmt den Charakter des Gartens mit! Gerade Beetkanten, vielleicht noch optisch betont, unterstreichen das Grundmuster der Gesamtanlage, betonen Blickachsen und Fluchtpunkte. Sie spiegeln Ordnung und Struktur wider, wirken aufgeräumt und gezähmt. Gebuchtete, gewellte, unregelmäßige Beetkonturen dagegen vermitteln etwas von der Wildheit der Natur, rücken die Pflanzen an sich in den Vordergrund, weniger die Architektur des Gartens. Natürlich ist das häufig auch eine Frage des Platzes. Wer zwischen Zaun und Haus nur zwei Meter Abstand hat, auf dem auch noch der Weg Platz finden muss, kann keine sich windende Rabatte mehr unterkriegen. Gerade Beetkanten sparen dann einfach Raum. Ein kleiner Trick hilft hier jedoch die Strenge aufzulockern. Setzen Sie überhängende oder polsterförmige Stauden an die Ränder. Sie überwuchern die Begrenzung und weichen die Konturen auf.

Die Beetarbeit erleichtern

Anlage und laufende Pflege der Blumenrabatten kann man sich durch ein paar Kunstgriffe einfacher machen. Geschickte Planung und gute Flächenvorbereitung helfen Probleme zu vermeiden, die später Frust und Mühe bescheren. Simplify your garden!

Vor der Neuanlage eines Blumenbeetes wird die Fläche von groben Steinen befreit.

Von groß nach klein erfolgt die Gartenplanung. Wenn also Haus, Garage, Bäume, Sträucher und Hecken ihren Platz gefunden haben, können Sie daran gehen, die Blumenflächen zu platzieren. Aber wie überträgt man den Plan vom Papier auf den Boden? Einfache, aber probate Hilfsmittel sind Schnüre oder Sand. »Zeichnen« Sie damit die Beetkonturen auf die Erde und überprüfen Sie die Wirkung. Ein Blick vom Balkon oder aus einer oberen Etage erleichtert dabei die Übersicht. Korrigieren Sie die Beetränder solange, bis Sie mit ihrem Verlauf zufrieden sind.

Planen Sie bei größeren Beeten, die sich nicht mehr vom Rand aus bearbeiten lassen, Zugangsmöglichkeiten ein. Etwa einen Trampelpfad zwischen Hecke und Rabatte, bei geschwungenen Beeten genügen an den tiefen Stellen auch einzelne Trittsteine. Beides erleichtert spätere Pflegearbeiten enorm und verhindert ungewollte Schäden.

Alle Wildkräuter, insbesondere Wurzelunkräuter, entfernt man gründlich vor der Pflanzung.

Auf den abgesteckten Beetflächen führt man nun vor der Pflanzung eine gründliche Bodenvorbereitung durch (siehe auch Seite 36). Eine 30 bis 50 cm tiefe Bodenlockerung sowie das akribische Entfernen vorhandener Wurzelunkräuter macht sich in den Folgejahren durch geringeren Pflegeaufwand mehr als bezahlt. Wem die Arbeit mit dem Spaten zu mühselig ist, der kann sich vielleicht eine Fräse ausleihen, bei Nachbarn, im Fachhandel oder bei Gartenbauvereinen.

Setzen Sie mageren oder zu schweren Böden verbessernde Stoffe zu (siehe Seite 14 f.). In die oberste Schicht empfiehlt es sich auf jeden Fall eine reichliche Gabe Kompost einzuarbeiten. Zuletzt Oberfläche einebnen und glattziehen. Nun verteilt man die Stauden, zunächst noch mit ihren Töpfen, auf der Pflanzfläche. Rücken Sie sie solange zurecht, bis die Abstände stimmen. Dann pflanzt man, vom hinteren Beetende angefangen nach vorne arbeitend, die einzelnen Exemplare ein.

Bodenlockerung muss nicht schweißtreibend sein. Eine geliehene Fräse hilft.

Mit Sand die Beetkonturen markieren, die Stauden in Töpfen darauf zurechtrücken.

Machen Sie nicht vorschnell dicht!

Auch wenn die Versuchung groß ist. Man will sein grünes Paradies möglichst schnell verwirklicht sehen. Was sollen also die großen kahlen Flächen zwischen den neu gesetzten Jungpflänzchen? Unterdrückt nicht erst eine geschlossene Pflanzendecke Unkrautbewuchs und nimmt dem Gärtner damit lästige Arbeit ab?

Richtig! Widerstehen Sie aber trotzdem dem Reiz, enger zu pflanzen. Das entbindet Sie vielleicht etwas früher vom Unkraut jäten, zwingt Sie aber umso zeitiger zum Ausgraben, Abstechen und Horste teilen, weil die Stauden ineinander wuchern und sich bedrängen. Für einen guten Mittelweg, kann man sich an folgenden **Pflanzabständen** orientieren: Kalkulieren Sie bei höheren Pflanzen (größer als einen Meter) drei bis vier Exemplare pro Quadratmeter, bei mittleren (ein halber bis ein Meter) vier bis sechs und bei niedrigen sieben bis neun.

Dem Keimen (»Auflaufen«) von Unkräutern so lange die Pflanzendecke noch etwas schütter ist, kann man entgegenwirken, indem man allzu große Lücken mit Sommer-

Dekorativ und arbeitsparend: Dachziegel als Beeteinfassung wirken auch als Wurzelsperre.

blumen füllt. Noch arbeitsärmer ist das Ausbringen einer **Mulchschicht**. Dazu verteilt man grobes organisches Material wenige Zentimeter hoch auf der Bodenoberfläche. Diese Maßnahme bringt außer Unkrautunterdrückung noch weitere Vorteile:

- Der Boden verdunstet weniger Wasser und muss weniger gegossen werden.
- Die Erdoberfläche wird geschützt und verkrustet nicht so leicht, das spart Bodenlockerung.
- Das zersetzte Mulchmaterial füttert Mikroorganismen und belebt den Boden.

Bewährt hat sich Rindenmulch, der in den Beeten auch gut aussieht. Den Zweck erfüllen aber auch Rasenschnitt, Holzhäcksel, Laub oder halbreifer Kompost.

Grenzt Ihr Beet an eine Rasenfläche? Dann bauen Sie der Problemzone vor, indem Sie die **Ränder befestigen**. Die Gräser dringen sonst immer wieder ins Reich der Stauden vor, man muss Kanten abstechen. Der Fachhandel bietet fertige Systeme an. Man kann aber auch alte Dachziegel ein Stück weit in die Erde stecken. Sie ergeben eine wirksame Wurzelsperre und sehen auch noch dekorativ aus. Oder Sie fassen das Beet mit einem schmalen Steinpfad ein. Diese glatte Trennung erleichtert auch das Rasenmähen im Randbereich.

Mulchen, hier mit Rasenschnitt, hat viele Vorteile und erspart manche Pflegemaßnahme.

Sitzplatz

Relaxen, entspannen, plaudern in blumigem Ambiente

Lauschige Laube unter dem Blauregen. Bis zu 40 cm lang werden die Blütentrauben.

Wie sieht Ihre Traum-Oase aus?

Ein kleiner versteckter Winkel des Gartens, hinter Rosenbusch oder Flieder, in den man sich von allen Nervensägen dieser Welt mit einem guten Buch zurückziehen kann? Oder bevorzugen Sie einen großen Tisch im kühlen Kronenschatten des Hausbaums, der an heißen Tagen und lauen Abenden viel Raum zum geselligen Beisammensein bietet? Mancher sucht vielleicht auch lieber den Platz an der Sonne, vor einer Südwand, der einem schon im April die Seele erwärmt. Die Möglichkeiten sind vielfältig, denn schließlich träumt jeder einen anderen Traum. Fest steht nur: Ein gemütlicher Sitzplatz ist die Basis, um den Garten richtig genießen zu können.

Im Idealfall verteilt man mehrere im Garten, für die unterschiedlichen Bedürfnisse. Auch ganz kleine Lösungen erfüllen ja ihren Zweck, etwa eine Bank vor der Hecke oder am Teich. Oder ein Stuhl, der einfach immer wieder umzieht – an die Stellen, die gerade die schönsten Perspektiven eröffnen.

Terrassen verbinden Haus und Grün. Sie bieten gerade in kleinen Gärten häufig die beste Plattform für den Sitzplatz, weil sie den Wohnbereich einfach ins Freie erweitern. Man braucht Geschirr und Essen nicht weit zu tragen. Der feste Boden erträgt auch starke Nutzung ohne Schäden, und die Nähe zur Hauswand bietet Windschutz und Wärme. Bei überlegter Planung muss der Blumengarten nicht am Pflaster enden.

Berankte Sichtschutzelemente verwandeln diese Terrasse in ein grünes Zimmer ohne Einblick.

Das Gold-Geißblatt wuchert üppig mit runden Blättern und hübschen Blüten.

Sorry, kein Durchblick!

Etwas Sichtschutz muss sein, damit der Sitzplatz ein Gefühl von Privatheit und Geborgenheit vermittelt. Gerade bei beengten Platzverhältnissen, etwa in Reihenhausgärten, bieten Kletterpflanzen wirklich überragende Lösungsansätze und lassen Ihnen dabei auch noch die Blüten über den Kopf wachsen.

Auf dem Präsentierteller möchte niemand gerne sitzen. Ein bisschen Blickschutz und Intimität sollten Sitzplatz und Terrasse schon bieten. Platzsparend, wirksam und dekorativ zugleich sind Kletterpflanzen. Während einjährige Senkrechtstarter Blütenvorhänge nur für einen Sommer weben (siehe Seite 52 f.), flechten **kletternde Gehölze** ausdauernde Decken.

Sie benötigen nur wenig Fußraum, um Rankgerüste, Spaliere, Pergolen oder Pavillons in grüne Wände oder blühende Zimmer zu verwandeln. Nur, die Stützen müssen stabil sein, entweder aus Metall oder kesseldruckimprägniertem Holz. Schließlich werden Gehölze alt und ihr Holz im Laufe der Zeit sehr schwer. Man sollte ihnen auch unbedingt Bodenkontakt ermöglichen, das erleichtert die Pflege. Kübelkulturen müssen schießlich laufend gegossen und gedüngt werden. Sparen Sie daher in der Terrassenpflasterung lieber die Pflanzstellen aus. Wurzeln die Akrobaten im Regenschatten von Mauern oder auf überdachten Plätzen, muss man auch gießen. Ansonsten sind sie Selbstversorger. Während Efeu und Wilder Wein als **Selbstklimmer** mittels Haftorganen von alleine Wände hochgehen und Gebäude mit einem grünen Pelz überziehen, brauchen die meisten Blütengehölze Rankhilfen. **Schlinger**, wie etwa Blauregen und Geißblatt, umwinden dabei auf ihrem Weg nach oben mit ihren Trieben Streben und Pfosten. **Ranker**, wie die Waldrebe, halten sich mit speziellen Organen an der Rankhilfe fest. **Kletterrosen** müssen an ihrem Spalier aufgebunden werden. Der einmalige Aufwand für die Installation der Rankhilfen wird jedoch reichlich entlohnt, wenn zur Blütezeit der Himmel voller Blumen hängt und Fassaden sich in Dornröschenwände verwandeln.

Clematis, hier 'Etoile Violette', gibt es in zahlreichen Arten und Sorten sowie in vielen Farben.

Schmucke Klettergehölze

Tolle Blüher:

- Berg-Waldrebe *(Clematis montana)* – 3–8 m, vier Blütenblätter rosa, weiß, 5–6, Ranker, ○–◑
- Italienische Waldrebe *(Clematis viticella)* – 2–4 m, Blüten sternförmig, violett, rot, rosa, weiß, auch zweifarbig, 6–9, Ranker, ○–◑
- Knöterich *(Fallopia baldschuanica)* – 8–15 m, große, filigrane weiße Blütenrispen, 7–10, starkwüchsiger, schnellwachsender Schlinger, ○–◑
- Kletter-Hortensie *(Hydrangea petiolaris)* – 5–7 m, riesige, bis 25 cm breite Blütendolden, weiß, 6–7, Haftwurzelkletterer braucht aber zusätzliche Stütze, ◑–●
- Jasmin *(Jasminum nudiflorum)* – 2–3 m, Blüten klein, gelb, 2–4, wintergrüne Blätter, hellgrüne Triebe, Spreizklimmer, ○–◑
- Wald-Geißblatt *(Lonicera periclymenum)* – 3–5 m, Blüten gelb-weiß mit rötlicher Röhre, intensiv duftend, 5–7, Schlinger, ○–◑
- Gold-Geißblatt *(Lonicera × tellmanniana)* – 4–6 m, Blüten goldgelb, orange, hellrot überlaufen, 5–7, Schlinger, ○–◑
- Kletterrose (*Rosa*-Hybriden) – 2–6 m, zahlreiche Sorten in nahezu allen Farben, 6–10, ○
- Blauregen, Glyzine *(Wisteria sinensis)* – 3–15 m, bis 40 cm lange, blau-violette (auch weiße) Blütentrauben, duftend, 5–6, Schlinger, ○–◑

Zierendes Laub:

- Pfeifenwinde *(Aristolochia macrophylla)* – 5–10 m, bis 30 cm große, herzförmige Blätter, blickdichter Wuchs, ◑–●
- Efeu *(Hedera helix)* – 3–20 m, immergrün, Haftwurzelkletterer, ◑–●
- Wilder Wein *(Parthenocissus tricuspidata)* – 8–15 m, rote Herbstfärbung, Selbstklimmer, ○–◑

○ = sonnig, ◑ = halbschattig, ● = schattig

Duft liegt in der Luft …

Wohlgerüche beflügeln die Fantasie und wirken wie Balsam für die Seele. Sie heben die Stimmung und rühren direkt an unsere Gefühle. Was könnte einen Sitzplatz also stärker aufwerten als aromatische Pflanzen? Gönnen Sie sich die tägliche Wellness-Kur auf der eigenen Terrasse!

Lilien und viele andere Duftpflanzen gedeihen auch im Topf – ideal für Terrasse und Balkon.

Der sinnlichste der Sinne ist der Geruchsinn, heißt es. Man empfindet Düfte als verführerisch, aufregend, aber auch besänftigend oder gar abstoßend, je nach persönlichem Dafürhalten. Und man kann sich nicht dagegen wehren. Oder haben Sie schon einmal weggerochen? Die Wissenschaft weiß inzwischen, dass Gerüche im ältesten Teil unseres Gehirns verarbeitet werden, der auch unsere Emotionen steuert.

Hinsetzen, Lavendel und Thymian streicheln und sich von ihrem Aroma beflügeln lassen …

Selbst körperliche Reaktionen sind per Duft beeinflussbar. Mit Duftpflanzen können Sie also Ihre eigene Aromatherapie kreieren und Ihrem Lieblingsplatz die persönliche Note geben. Lassen Sie sich bei der Auswahl ruhig an der eigenen Nase herumführen. Sie trügt Sie nicht. Was Sie gut riechen können, wird Ihnen auch gut tun.

Natürlich lässt sich Parfum nur genießen, wenn es in Nasennähe gelangt. Sitzplätze sind daher der prädestinierte Ort für Duftpflanzen. Darüber hinaus eignen sich Stellen unter Fenstern, neben der Haustür oder entlang von Wegrändern besonders für die Besetzung mit Schnupperpflanzen.

In erster Linie verbindet man Duft mit den prächtigen Blühern unter den Stauden, Zwiebel- und Sommerblumen. **Rosen** galten über Jahrhunderte als sprichwörtliches Symbol für Wohlgeruch. Die pflegeleichten alten Sorten enttäuschen in dieser Hinsicht auch nicht. Aber auch unter den modernen gibt es einige robuste, dufte Typen wie 'Nahema', 'Laguna', 'Duftfestival', 'Graham Thomas' oder 'Friesia'. Darüber hinaus stehen aber auch andere **Gehölze** wie Flieder, Duftschneeball *(Viburnum farreri)* oder Seidelbast *(Daphne mezereum)* für Parfum. Eine besondere Rolle für den Duftgarten spielen jedoch die **Kräuter** (siehe Seite 38 f.). Sie aromatisieren die ganze Saison, denn die Duftstoffe konzentrieren sich in den Blättern. Und Sie gedeihen auch gut in Töpfen.

Schnuppertöpfe und -gardinen sind probate Mittel, um die Terrasse zu parfumieren. Auch unter den Kletterpflanzen gibt es betörende Dufter, die diese sinnliche Komponente mit dem praktischen Sichtschutz-Effekt verbinden. Neben den pflegeleichten Kräutern tragen auch viele **Sommerblumen**, wie Duftwicken und Levkojen, oder Zwiebelblumen wie Lilien und Hyazinthen ihr Odeur kübelweise vor die Haustür und sogar auf den Balkon. Verstärkung erhalten sie dabei aus dem klassischen **Balkonblumen**-Sortiment, z. B. von Duftgeranien oder Vanilleblume. Vorteil der Töpfe: Sie sind mobil und können immer der Nase nach gerückt werden.

Besonders Alte Rosen, hier 'Louise Odier', zeichnet noch der sprichwörtliche Duft aus.

Ob Tausendundeine Nacht, Zitrushain

oder Rosengarten – welche Noten bevorzugen Sie? Ein Parfumeur komponiert aus unterschiedlichsten Aromen einen neuen Duft. Denn es gibt schwere und heitere, süße und herbe Töne. Auch die Duftpflanzen im Garten können Sie zu einem Cocktail zusammenmixen oder, streng getrennt, nach individueller Vorliebe arrangieren.

- **Betörend** und fast **»orientalisch« schwer** duften etwa Hyazinthen, viele Lilien, Vanilleblumen, Levkojen oder Wald-Geißblatt.
- **Heiter, leicht und spritzig** empfindet man Zitrusdüfte, wie sie z. B. Zitronenthymian, Zitronenmelisse, Zitronenminze einige Duftgeranien oder sogar manche Rosensorten verbreiten.
- **Blumige Noten** bringen Lavendel, Reseden, Nelken, Rosen, Pfingstrosen oder Flieder ein.
- Die **herb-aromatische, würzige Note** findet man bei vielen Kräutern, wie Thymian, Salbei, Bohnenkraut, Wermut oder Heiligenkraut.

Aparte Duftpflanzen

Stauden:

- Heidenelke *(Dianthus deltoides)* – 10–20 cm, Blüterosa, rot, weiß, 6–9, ○
- Nachtviole *(Hesperis matronalis)* – 60–100 cm, Blüten zartrosa bis tiefviolett, 5–6, ○–◑
- Indianernessel (*Monarda*-Hybride) – 70–130 cm, viele Sorten, Blüten weiß, rosa, rot, violett, 7–9, ○
- Phlox *(Phlox paniculata)* – 50–150 cm, viele Sorten, Blüten weiß, rosa, rot in Kuppeln, 6–9, ○
- Duft-Veilchen *(Viola odorata)* – 10–15 cm, Blüten violett, 3–4/9, ◑
- Kräuter: siehe Seite 38/39

Zwiebelblumen:

- Maiglöckchen *(Convallaria majalis)* – 15–25 cm, Blüten weiß, glockenförmig, 5–6, ◑
- Garten-Hyazinthe *(Hyacinthus orientalis)* – 20–30 cm, rosa, blau, weiß, duftend, 4–5, ○
- Dichter-Narzisse *(Narcissus poeticus)* – 30–50 cm, Blüten weiß mit gelber Mitte, 4–5, ○–◑

Ein- und Zweijährige:

- Goldlack *(Erysimum cheiri)* – viele Sorten, 20–50 cm, goldgelb, orange, rotbraun, 4–6, ○
- Duftwicke *(Lathyrus odoratus)* – bis 250 cm, Kletterer, Blüten weiß, rosa, violett, rot , 6–9, ○
- Duftsteinrich *(Lobularia maritima)* – 5–15 cm, Blüten weiß, rosa, violett, duftend, 6–10, ○
- Levkoje *(Matthiola incana)* – 30–100 cm, Blüten weiß, gelb, rosa, rot, violett, 5–8, ○
- Ziertabak (*Nicotiana*-Hybriden) – 30–150 cm, Blüten weiß, gelb, rosa, rot, 5–10, ○
- Pfingstrose *(Paeonia lactiflora)* – 50–110 cm, viele Sorten, weiß, rosa, rot, 5–6, ○
- Duft-Resede *(Reseda odorata)* – 30–40 cm, Blüten grün-rötlich, 6–10, ○

○ = sonnig, ◑ = halbschattig, ● = schattig

Levkojen: Die alten Bauerngarten-Schönheiten verströmen ein intensives Parfum.

Bedenken Sie auch, dass manche Arten wie Lilien oder einige Rosensorten ihr Parfum verschwenderisch im Umkreis von Metern verströmen. Zu viele solcher Pflanzen auf kleinem Raum sind manchem sicher zuviel des Guten. Andere muss man schon aus der Nähe beschnuppern, um ihren Zauber wahrzunehmen. Kontaktdufter schließlich entfalten ihr Aroma sogar erst nach Berührung. Fast alle Kräuter gehören dazu, deren ätherische Öle erst nach dem Streicheln der Blattoberflächen freigesetzt werden. Je sonniger sie stehen, desto intensiver ihr Geruch.

Das heißt aber nicht, dass nach Sonnenuntergang für die Nase die Reize ausgehen. Im Gegenteil, einige Spezialisten laufen erst abends so richtig zu Hochform auf. Wenn es dunkel wird und alle Blütenfarben langsam verblassen, hüllen Nachtkerze, Nachtviole, Ziertabak, Königslilie oder Wald-Geißblatt in lauen Nächten ihre Umgebung in verführerische Duftwolken. Für Workaholics der ultimative Kick, um endlich abzuschalten und zu entspannen, ob allein oder zu zweit.

Ein verführerisch sinnlicher Sitzplatz

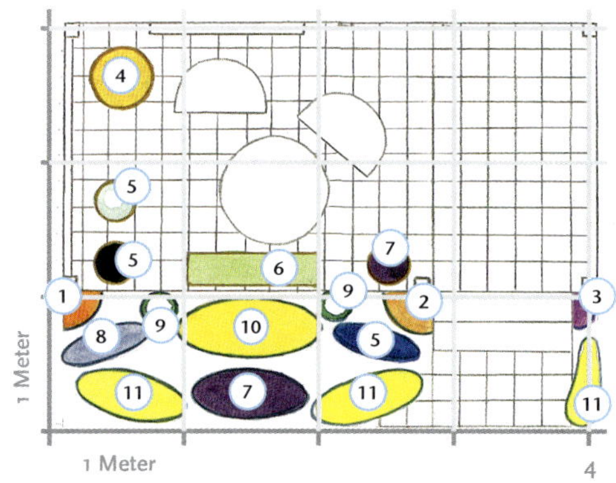

- **Thema:** Reihenhaus-Terasse mit Sichtschutz-Kletterpflanzen und Duftpflanzen.
- **Blütezeit:** Juni bis September, dieser Anblick bietet sich im Juli.

Ein blühendes Wohnzimmer im Freien lädt mit verführerischen Düften zum Entspannen ein. Feuer-Geißblatt und Waldrebe überziehen Rankelemente mit Blumenschleiern und schaffen trotz beengter Platzverhältnisse kuschelige Privatsphäre. Die Kletterrose am Pfosten gibt ihr himmlisches Parfum dazu, unterstützt von den Schnuppertöpfen mit Lilien, Lavendel, Duftgeranien und Vanilleblume. Das Beet davor setzt die Aromasinfonie fort und sorgt mit Königslilien und Nachtkerzen für betörende Sommerabende. Alle Pflanzen lieben einen sonnigen Standort.

1. **Feuer-Geißblatt *(Lonicera × heckrottii)***
2. **Kletterrose 'Gloire de Dijon'**
3. **Italienische Waldrebe *(Clematis viticella)* dunkelviolett z. B. 'Étoile Violette'**
4. **Lilie *(Lilium-*Hybriden) gelb, z. B. 'Golden Splendor'**
5. **Lavendel *(Lavandula angustifolia)* dunkelblau, z. B. 'Hidcote Blue'; hellblau, z. B. 'Munstead'**
6. **Duftgeranie *(Pelargonium)*, z. B. *P. crispum* 'Variegatum', 'Creamy Nutmeg'**
7. **Vanilleblume *(Heliotropium arborescens)***
8. **Blauraute *(Perovskia arbrotanoides)***
9. **Königslilie *(Lilium regale)***
10. **Edelgarbe *(Achillea-*Hybride), lachsfarben, z. B. 'Terracotta', 'Lachsschönheit'**
11. **Nachtkerze *(Oenothera fructicosa)***

(Porträts siehe Tabelle Seite 87)

Duft- und Kletterpflanzen (Porträts zum Pflanzvorschlag Seite 86)

Edelgarbe (*Achillea*-Hybriden)	Lavendel (*Lavandula angustifolia*)	Nachtkerze (*Oenothera fructicosa*)	Lilie / Königslilie (*Lilium*-Hybriden/ *Lilium regale*) ⓩ	Vanilleblume (*Heliotropium arborescens*) ☉
✿ 6–9	✿ 6–8	✿ 6–9	✿ 6–7	✿ 6–9
⬆ 60–120	⬆ 30–60	⬆ 40–70	⬆ 50–200	⬆ 30–50
Die heimische Schafgarbe ist Urahn der vielen Sorten, die es heute gibt, vorwiegend in Rot-, Rosa- und Gelbtönen. Liebt vollsonnige Plätze auf allen Gartenböden. Die filigranen Blätter duften leicht aromatisch.	Der klassische Rosenbegleiter ist unverzichtbarer Duftspender für die Parfum- und Kosmetikindustrie. Vor allem die immergrünen, nadelartigen Blätter duften bei Berührung. Blüht in Blautönen und weiß.	Leuchtend kanariengelbe, stark duftende Blüten, teilweise, je nach Sorte, auf rötlichen Stielen, lassen in jedem Beet die Sonne aufgehen. Die Staude braucht warme, sonnige Standorte.	Lilien lassen sich gut in Töpfen kultivieren. Hybriden gibt es in zahlreichen Sorten und Farben, nicht alle duften. Geradezu narkotisches Parfum verströmt die Königslilie. Die Blüte ist weiß, leicht rosa angehaucht, innen gelb.	Der üppige Blüher aus dem Balkonblumen-Sortiment wird bei uns einjährig gezogen. Er gedeiht an sonnigen Stellen im Topf und ausgepflanzt. Ab und an düngen! Der deutsche Name verrät die süße Aromanote.

Duftgeranien (*Pelargonium*-Arten und -Hybriden)	Kletterrose 'Gloire de Dijon'	Italienische Waldrebe (*Clematis viticella*)	Feuer-Geißblatt (*Lonicera × heckrottii*)	Blauraute (*Perovskia abrotanoides*)
✿ 6–9	✿ 6–10	✿ 6–9	✿ 6–9	✿ 7–9
⬆ 30–50	⬆ 300–400	⬆ 200–400	⬆ 200–400	⬆ 50–100
Die kleinblütigen Schwestern der Balkongeranien eignen sich bei uns nur für die Topfkultur. Ihr teils geflecktes Laub duftet. Es gibt zahlreiche Aromavarianten.	Ihr intensiver Teerosenduft und das extravagante Farbspiel machen sie so kostbar. Die dicht gefüllten Blüten changieren je nach Witterung zwischen Apricot, Gelb und Rahmweiß.	Es gibt viele Sorten, unterschiedlicher Farbe von dieser robusten Art. Sie duften zwar nicht, blühen aber überreich. Die Basis sollte beschattet sein, sonst Sonne bevorzugt.	Robuster, starkwüchsiger Kletterer, bildet reichlich Laub und intensiv süßlich duftende Blüten, die außen purpur, innen gelb sind. Gedeiht an sonnigen bis halbschattigen Plätzen.	Der zauberhaft lilablau blühende, anspruchslose Halbstrauch passt gut ins Staudenbeet. Seine silbrig-grauen Blätter duften aromatisch. Liebt Sonne. Im Frühjahr zurückschneiden.

☉ = Einjährige Pflanze, ⊙ = Zweijährige Pflanze, ⓩ = Zwiebelblume, ✿ = Blütezeit, ⬆ = Höhe (in cm), * Blatt/Blütenhöhe, ⊗ = frostfrei überwintern

Blütezeiten

Fulminanter Höhepunkt oder gleichmäßiges Dauerfeuer

Gleichzeitige Prachtentfaltung: Rosen, Lavendel, Fingerhut und weitere Begleiter sorgen für spektakulären Blühhöhepunkt.

Zu Pfingsten ans Mittelmeer, wenn die Kinder Schulferien haben – hat dieses Urlaubs-Highlight bei Ihnen auch seinen festen Platz im Jahresablauf? Nur schade, dass man damit jedes Jahr die Pracht der Pfingstrosen- und Mohnblüte verpasst! Oder gehören Sie zu den Leuten, die gerne im Herbst verreisen, wenn der Rummel der Ferienzeit vorbei und das mediterrane Klima immer noch lau ist? Ärgerlich nur, dass das explosive Farbfeuerwerk von Astern, Chrysanthemen und Co dann ohne Sie zündet.

Tragen Sie solchen festen Reisevorlieben ruhig Rechnung. Das heißt natürlich nicht, im Garten alles auszuklammern, was in dieser Zeit blüht, aber es erleichtert manchmal die Qual der Wahl, wenn man sich bei der Fülle des Angebots nicht entscheiden kann.

Einen Garten, in dem immer etwas blüht, wünschen sich die meisten Gartenbesitzer. Tatsächlich hat eine Vier-Jahreszeiten-Rabatte ja auch ihren Reiz, allerdings auch ihren Platzanspruch, schließlich wollen Früh- und Spätblüher mitsamt Begleitern gefällig kombiniert und wiederholt sein. Das verbraucht ganz schön viel Fläche, und die muss man erst einmal haben. In kleineren Gärten fällt es oft leichter, unterschiedliche Jahreszeiten an verschiedenen Stellen zu zelebrieren. Feiern Sie doch den Frühling im Vorgarten, den Sommer, den man gerne im Freien genießt, an der Terrasse, und den Saisonausklang im Beet am Zaun.

Persönliche Favoriten pflegt man ja auch nicht nur in puncto Urlaubszeit. Wenn Sie eine Lieblingsjahreszeit haben, zögern Sie nicht, in einem Beet alles auf eine Karte zu setzen. So schön es sein mag, wenn in jedem Monat irgendwo ein neues Blütenbüschel aufgeht, für das glänzende Spektakel eines gemeinsamen Blütenhöhepunktes von Leitstauden und sämtlichen Begleitern ist das oft nur ein schwacher Ersatz. Es kann reizvoller sein, lieber wenige Wochen zu schwelgen, als es viele Monate tröpfeln zu lassen. Und wenn es auch noch gelingt, die Blühpausen in die Urlaubszeit zu legen – was hat man dann schon verloren?

Sommer- & Dauerblüher

Die Prachtphase im Garten bietet die größte Auswahl an Pflanzen. Streng genommen beginnt sie schon etwas vor dem kalendarischen Sommeranfang, denn viele Stauden, Sommerblumen und die spektakulären Rosen beginnen schon Anfang Juni mit ihrem Flor. Einige Dauerblüher halten bis Oktober durch.

Sommersalbei und Spornblume blühen nach einem Rückschnitt bis Anfang Oktober durch.

Erst der Austrieb, dann die Blüte. Stauden und Sommerblumen brauchen in der ersten Jahreshälfte etwas Anlauf. Schließlich müssen sie ihre Horste, Stängel und Blätter erst wieder komplett neu aufbauen. Je nach Witterungsverlauf beginnt das Triebwachstum etwa März/April. Abgesehen von einigen Schnellentwicklern (siehe Seite 92 ff.) öffnen viele ihre ersten Knospen im Juni und empfehlen sich damit als klassische Rosenkavaliere.

Die blauen Rosenkavaliere Pracht-Storchschnabel und Rittersporn kühlen die Sommerhitze.

Zweijährige Bartnelken unterstützen Rosen und Glockenblumen bei der üppigen Juniblüte.

Denn auch die »Königin« zelebriert ihre Hauptblüte Juni/Juli. Kein Wunder also, dass Fingerhut, Storchschnabel, Glockenblumen, Ehrenpreis, Rittersporn, Sommersalbei, Spornblume, Frauenmantel und Feinstrahlaster zu den häufig gesehenen Rosenbegleitern zählen. Die letzten fünf lassen sich durch einen Totalrückschnitt nach der ersten Blüte sogar zu einer weiteren anregen. Andere starten noch später. Ab Juli blühen Goldgarbe, Juli-Silberkerze, Edeldistel und Alant sowie viele, die mit ihrer Blütenpracht den Sommer bis in den Herbst hinein verlängern, wie Indianernessel, Sonnenblumen und andere (siehe Seite 95 ff.).

Dauerblüher: total genial. Erstens kommen sie dem Genuss-Gärtner entgegen. Denn Pflanz- und Pflegeaufwand unterscheiden sich kaum von anderen Arten, ihre Blütenshow ziehen sie jedoch viele Wochen, manche sogar monatelang durch. Zweitens lösen sie auf kleinen Flächen Platzprobleme. Wo immer es zu wenig Raum für komplexe Pflanzenkombinationen gibt, etwa im Vorgarten oder auf kleinen Inselbeeten, sind Dauerblüher erste Wahl (siehe Seite 90/91). Diese Rolle lässt sich z. B. mit Sommersalbei, Katzenminze, Mädchenauge, Sonnenbraut, Sommermargerite, Phlox, Astilben oder Goldfelberich besetzen. Unterstützung gewähren Sommerblumen sowie öfterblühende Rosen.

Kleines Beet aus Dauerblühern

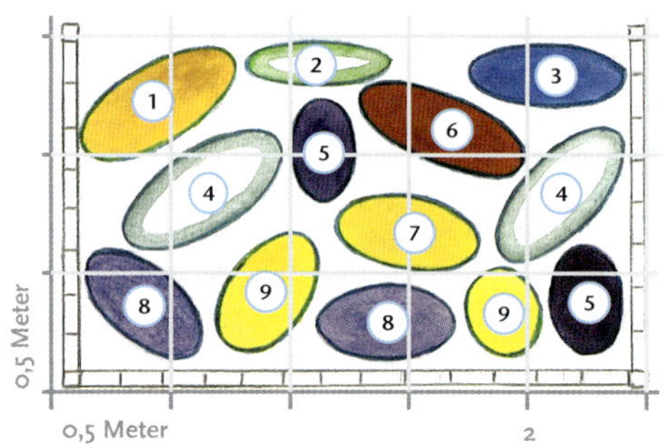

- **Thema:** Langzeitblüher sorgen für Dauerfarbenpracht auf kleinem Raum.
- **Blütezeit:** Von Mai bis Oktober, mit nur kurzen Blühpausen einzelner Arten.

Marathonblühende Stauden lassen dieses kleine Beet eine ganze Saison lang leuchten. Schon im Mai öffnet die Katzenminze ihre lilablauen Blütenrispen. Mit einem optischen Paukenschlag setzen dann ab Juni Rittersporne, Sommermargeriten, Sommersalbei, Mädchenaugen und die kleine Sonnenbraut mit ein. Ab Juli/August lassen die hohen Sonnenbräute ihre Scheiben strahlen und verleihen dem Ensemble noch mehr Farbe und Volumen. Die Zweitblüte von Rittersporn, Katzenminze und Sommersalbei währt bis Oktober. Das Beet braucht einen sonnigen Platz.

1 **Sonnenbraut *(Helenium*-Hybride) – hoch, goldgelb, z. B. 'Sonnenwunder' oder 'Blütentisch'**
2 **Rittersporn *(Delphinium*-Elatum-Hybride) – weiß, z. B. 'Polarfuchs' oder 'Erste Liebe'**
3 **Rittersporn *(Delphinium*-Elatum-Hybriden) – blau, z. B. 'Finsteraarhorn' oder 'Jubelruf'**
4 **Sommermargerite *(Leucanthemum × superbum)***
5 **Sommersalbei *(Salvia nemorosa)***
6 **Sonnenbraut *(Helenium*-Hybride) – mittelhoch, kupferfarben, z. B. 'Waltraut'**
7 **Sonnenbraut *(Helenium autumnale* 'Pumilum Magnificum'), niedrig**
8 **Katzenminze *(Nepeta × faassenii)***
9 **Nadelblättriges Mädchenauge *(Coreopsis verticiliata)*, z. B. 'Zagreb'**

(Porträts siehe Tabelle Seite 91)

Elegantes Duett für den ganzen Sommer: Strauchrose ‘Schneewittchen’ und blaue Katzenminze.

Ein einfacher Trick hilft, die Blütenpracht des vorgestellten Beetes zu verlängern und in Form zu halten. Wenn der erste Flor von Rittersporn und Katzenminze im Juli, der von Sommersalbei im August zu welken beginnt, schneidet man die Pflanzen kurz über dem Boden ab. Man nimmt dann zwar eine kurze Blühpause in Kauf, aber die Stauden treiben schon bald neu durch und bilden wieder kompakte Horste und neue Blüten. Ergänzt man das Beet mit Zwiebelblumen, wie Traubenhyazinthen und Narzissen, beginnt die Blühsaison schon im März. Vor dem Austrieb der Stauden finden die Frühstarter ausreichend Platz.

Dankbare Langzeitblüher (Porträts zum Pflanzvorschlag Seite 90)

Nadelblättriges Mädchenauge *(Coreopsis verticillata)*	Rittersporn *(Delphinium*-Elatum-Hybriden)	Sonnenbraut *(Helenium-Hybriden/ H. autumnale* ‘Pumilum Magnificum’)	Sommermargerite *(Leucanthemum × superbum)*	Katzenminze *(Nepeta × faassenii)*	Sommersalbei *(Salvia nemorosa)*
✿ 6–9	✿ 6–7/8–9	✿ 6–9	✿ 6–9	✿ 5–10	✿ 6–10
⬆ 30–50	⬆ 100–200	⬆ 50–150	⬆ 50–90	⬆ 20–40	⬆ 40–80
Goldgelbe Blütensternchen erscheinen sehr zahlreich über filigranem, nadelartig gefiedertem Laub, das der ganzen Pflanze heitere Leichtigkeit verleiht. Der unermüdliche Blüher braucht viel Sonne, ist sonst aber sehr pflegeleicht. Während langer Trockenperioden zusätzlich gießen. Nicht auf sehr sandige Böden pflanzen.	Die stattlichen hohen Kerzen lassen Sie Ihr blaues Blütenwunder erleben! Manche Sorten blühen auch weiß. Einzelblüten tragen mitunter ein weißes oder ein dunkles Auge. So viel Üppigkeit will gut ernährt sein: etwas Dünger zum Austrieb und nach dem Rückschnitt tut gut. Der Standort kann sonnig bis absonnig sein; tiefgründiger Boden.	Mit ihren warmen, kräftigen Farben und Blüten, die an Sonnenscheiben erinnern, bringen sie hochsommerliche Beete zum Strahlen. Es gibt zahlreiche Sorten in allen Größen, in Gelb, Orange, Rot und Braun. Die Prachtgestalten brauchen reichlich Wasser und Nährstoffe sowie viel Sonne. In der Vase ebenso ausdauernd wie im Beet.	Die breiten Horste bedecken sich dicht an dicht mit den typischen weißen Strahlenblüten der Margeriten. Je nach Sorte können sie einfach, halbgefüllt oder gefüllt sein. Sie erweisen sich auch als Schnittblumen sehr langlebig. Gedeihen gut auf sonnigen, aber nicht zu heißen Plätzen sowie durchlässigen, aber nahrhaften Böden.	Nicht nur Katzen finden die aromatische Staude zum Verlieben. Dem Charme der lavendelblauen Blüten, die sich über dichten, polsterförmigen Horsten aus graugrünen Blättern erheben, muss man einfach erliegen. Die Staude ist ausgesprochen anpassungsfähig und pflegeleicht sowie vielseitig verwendbar. Liebt volle Sonne.	Hell bis dunkel violettblau blühen die einzelnen Sorten. Viele Quirle aus einzelnen Lippenblüten setzen sich zu langen schlanken Ähren zusammen. Wichtigste Voraussetzung für gutes Gedeihen ist ein sonniger, durchlässiger Standort. Sonst stellt der Salbei wenig Ansprüche und lässt sich mit vielen Blühpartnern kombinieren.

⊙ = Einjährige Pflanze, ⊙ = Zweijährige Pflanze, ⓩ = Zwiebelblume, ✿ = Blütezeit, ⬆ = Höhe (in cm), * Blatt/Blütenhöhe, ⊗ = frostfrei überwintern

Frühling & Frühsommer

Aufbruchstimmung verbreiten die ersten Farbtupfer im Spätwinter, meist Zwiebelblumen, die zwischen letzten Schneeresten hervorspitzen. Nach dem langen grauen Einerlei verheißen sie endlich neues Leben. Prachtvolle Schnellstarter unter den Stauden sorgen für erste üppige Highlights im Wonnemonat.

Der Lenz ist da! Mit Blütengehölzen, Lupinen und leuchtkräftigem Türkenmohn.

Sie sind wahre Hoffnungsträger.

Das erste weiße Schneeglöckchen hier oder ein vorwitziger gelber Winterling dort lassen einem einfach das Herz aufgehen, nachdem man wochenlang der Wintertristesse ausgesetzt war. In aller Regel startet die Saison mit Christrosen und den ersten Zwiebelblumen etwa ab Februar. Nach und nach setzt dann der Reigen der Vorfrühlings- und Frühlingsboten ein (siehe Seite 44 ff.) zusammen mit ersten Blütengehölzen (Seite 68 ff.).

Ab April leisten ihnen bereits Zweijährige wie Vergissmeinnicht, Maßliebchen und Stiefmütterchen Gesellschaft. Aber auch die schnellsten Sprinter unter den Stauden, wie Primeln, Gämswurz, Schleifenblume, Steinkraut und Wolfsmilch-Arten, konkurrieren bereits mit prächtigen Blüten. Den Mai verwandeln dann schon eine ganze Reihe frühreifer Ausdauernder in einen Wonnemonat, etwa Bartiris und Taglilien mit ihren vielen Sorten in verschiedenen Größen und Farben, aber auch Tränendes Herz, Akelei und Lein.

Die Stars im Mai

sind jedoch **Pfingstrosen** und Türkenmohn. Erstere entfalten tellergroße, teilweise dicht gefüllte und duftende Blütenbälle. Ihre dekorativ belaubten, buschigen Horste sind bei vielen Sorten im Austrieb sowie im Herbst rötlich gefärbt. Pfingstrosen werden sehr alt und dabei von Jahr zu Jahr schöner. Zart und transparent präsentiert sich dagegen der **Türkenmohn**. Seine seidigen Blütenblätter formen riesige, einfache Schalen in Rot, Apricot, Rosa oder Weiß mit stark kontrastierenden schwarzen Staubgefäßen in der Mitte. Ihre Schönheit entschädigt für das schnelle Einziehen nach der Blüte. Am besten pflanzt man andere Stauden davor.

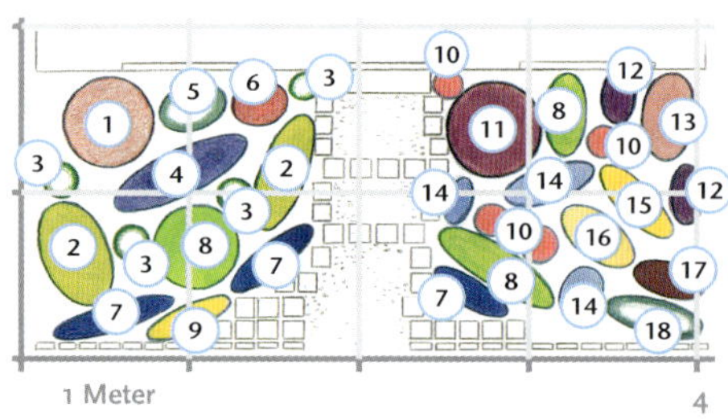

Blütenreicher Frühling im Vorgarten

1. Kolkwitzie *(Kolkwitzia amabilis)*
2. Gold-Wolfsmilch *(Euphorbia polychroma)*
3. Tulpen (*Tulipa*-Hybriden) – weiß, z. B. 'Mount Tacoma', 'Spring Green'
4. Bart-Iris (*Iris*-Germanica-Hybriden) – dunkelblau, z. B. 'Az Ap', 'Annikins'
5. Türkenmohn *(Papaver orientale)* – zartrosa, z. B. 'Graue Witwe', 'Helen von Stein'
6. Türkenmohn *(Papaver orientale)* – kräftig rosa, z. B. 'Abu Hassan', 'Hula Hula'
7. Traubenhyazinthe *(Muscari armeniacum)*
8. Frauenmantel *(Alchemilla mollis)*
9. Krokus (*Crocus*-Hybriden)
10. Tulpen (*Tulipa*-Hybriden) – rosa, gefüllt, z. B. 'Angelique', 'Peach Blossom'
11. Pfingstrose *(Paeonia lactiflora)* – kräftig rosa, z. B. 'Edulis Superba', 'Sarah Bernhardt'
12. Akelei *(Aquilegia vulgaris)* – dunkel violettblau
13. Tränendes Herz *(Dicentra spectabilis)*
14. Vergissmeinnicht *(Myosotis sylvatica)*
15. Gämswurz *(Doronicum orientale)*
16. Hohe Schlüsselblume *(Primula elatior)*
17. Lenzrose *(Helleborus orientalis)* – purpur, z. B. 'Atrorubens', 'Burgunderblut'
18. Schneeglöckchen *(Galanthus nivalis)*

(Porträts siehe Tabelle Seite 94)

- **Thema:** Vorgartensituation mit Blühschwerpunkt Spätwinter bis Frühsommer.
- **Blütezeit:** Von Februar bis August; das Bild zeigt die Situation im Mai.

Vor diesem Hauseingang treibt der Frühling die tollsten Blüten. Das rechte Beet wird etwa zur Hälfte beschattet. Dort fühlen sich Akelei, Tränendes Herz und Lenzrosen wohl. Der Rest der Pflanzung genießt viel Sonne. Das neue Jahr begrüßen zunächst Schneeglöckchen, Lenzrose und Krokus, sie sind hier bereits verblüht. Tulpen, Vergissmeinnicht, Gämswurz, Schlüsselblume, Traubenhyazinthen und Gold-Wolfsmilch fallen etwa ab April in den Reigen ein und stimmen die Atmosphäre schon auf den großen Auftritt von Pfingstrose und Türkenmohn ein, die an der Haustür Spalier stehen. Sie machen zusammen mit der Blütenwolke der Kolkwitzie und den blauen Bart-Iris dem Wonnemonat Mai alle Ehre, und das bis in den Juni hinein. Dann erst blüht der Frauenmantel auf und verdeckt mit seinem Laub die gröbsten Lücken.

Frühlings- und Frühsommerblüher (Porträts zum Pflanzvorschlag Seite 93)

Frauenmantel *(Alchemilla mollis)*	Akelei *(Aquilegia vulgaris)*	Tränendes Herz *(Dicentra spectabilis)*	Gämswurz *(Doronicum orientale)*	Gold-Wolfsmilch *(Euphorbia polychroma)*	Lenzrose *(Helleborus orientalis)*	Bart-Iris *(Iris-*Germanica-Hybriden)	Pfingstrose *(Paeonia lactiflora)*
✿ 6–8	✿ 5–6	✿ 5–6	✿ 4–5	✿ 4–5	✿ 2–4	✿ 5–6	✿ 5–6
⬆ 30–50	⬆ 40–70	⬆ 60–80	⬆ 40–60	⬆ 30–50	⬆ 20–25	⬆ 40–120	⬆ 50–110
Große runde, leicht behaarte Blätter zieren ihn ebenso wie lockere, grüngelbe, leicht duftende Blütenschleier. Sehr pflegeleicht in halbschattigen wie sonnigen Lagen.	Ihre nickenden Blüten setzen zierliche Farbkleckse in den Halbschatten. Es gibt Sorten in vielen Farben. Nach der Blüte ziehen sie ein. Die Pflanzen sind meist kurzlebig.	Die zweifarbigen Blütenherzen hängen wie aufgereiht an den Trieben. Die Staude bildet lockere Horste, die früh einziehen. Fühlt sich im lichten Schatten besonders wohl.	Leuchtend gelbe Margeritenblüten, die sich auch gut für die Vase eignen, begrüßen den Frühling. Runde bis herzförmige, dunkle Blätter bilden geschlossene Horste.	Ihre Blüten bestehen eigentlich aus leuchtend gelben Hochblättern. Die Blätter färben sich im Herbst gelb bis rot. Wächst auf sonnigen wie auf halbschattigen Plätzen.	Sie begrüßt wohl als erste Staude das neue Jahr. Blüht in vielen Rosa- und Purpurtönen. Ihre hübschen Horste treiben früh aus und überwintern grün. Sie werden sehr alt.	Schon die Größenunterschiede machen die Spannbreite der Sorten deutlich. Es gibt fast alle Farben. Typisch sind die steif aufrechten, schwertförmigen Blätter. Liebt volle Sonne.	Eine der prächtigsten Stauden überhaupt! Riesige Blüten, einfach und gefüllt, in Weiß, Rosa oder Rot, üppige Horste, herbstfärbende Blätter. Sie braucht viel Sonne und Nährstoffe.

Türkenmohn *(Papaver orientale)*	Hohe Schlüsselblume *(Primula elatior)*	Krokus *(Crocus-*Hybriden) Ⓩ	Schneeglöckchen *(Galanthus nivalis)* Ⓩ	Traubenhyazinthe *(Muscari armeniacum)*	Tulpe *(Tulipa-*Hybriden) Ⓩ	Vergissmeinnicht *(Myosotis sylvatica)* ⊙	Kolkwitzie *(Kolkwitzia amabilis)*
✿ 5–6	✿ 3–5	✿ 3–4	✿ 2–4	✿ 4–5	✿ 4–5	✿ 4–6	✿ 5–6
⬆ 30–100	⬆ 15–25	⬆ 10–15	⬆ 10–15	⬆ 10–20	⬆ 25–60	⬆ 15–40	⬆ 200–300
Seidige Blüten in Rosa, Weiß oder pastelligem Rot bringen Glanz ins Beet. Die behaarten Blätter ziehen bald ein. Liebt vollsonnigen Stand.	Die heimische Staude mit ihren gelben Blütendolden steht bevorzugt halbschattig und hat es gerne frisch bis feucht. Sät sich oft selbst aus.	Große Blüten in Weiß, Gelb und Violett erscheinen zwischen grasartigen Blättern, die zeitig wieder einziehen. Gedeiht in der Sonne und im Halbschatten.	Pflegeleichter Frühlingsbote für lichtschattige Lagen. Die weißen Glöckchen duften zart. Die Pflanze verwildert gerne, die schmalen Blätter ziehen bald ein.	Azurblaue Blütentrauben von enormer Leuchtkraft schmücken vollsonnige Standorte. Sehr vielseitig einsetzbar, verwildert gerne.	Zahlreiche Züchtungen in nahezu allen Farben stehen zur Auswahl, einfache und gefüllte Formen. Verblühtes abschneiden, die Blätter einziehen lassen.	Zieht duftige blaue Schleier durch das Beet. Die Blütchen sind klein, aber sehr zahlreich. Bevorzugt leicht feuchte Böden in Sonne bis Halbschatten.	Eine Unzahl kleiner rosafarbener Glöckchen an überhängenden Trieben verwandeln den Strauch in eine Blütenfontäne. Für alle Böden und Lagen.

⊙ = Einjährige Pflanze, ⊙ = Zweijährige Pflanze, Ⓩ = Zwiebelblume, ✿ = Blütezeit, ⬆ = Höhe (in cm), * Blatt/Blütenhöhe, ⊗ = frostfrei überwintern

Spätsommer & Herbst

Für ein farbenfrohes Finale bringen viele Prachtstauden noch einmal temperamentvolle feurige Töne in die Rabatten. Warmes Gelb, kräftiges Orange, glühendes Rot und leuchtendes Violett begleiten das Saisonende. Unterstützung gewähren die filigranen Samenstände der Gräser.

Das Beste zuletzt: Astern, Fetthennen und Diamantgras verleihen dem Saisonende volle Wucht.

Sommer, Sonne, satte Farben – so könnte man die Stimmung auf den Punkt bringen, wenn etwa ab Juli die Spätzünder die Führungsrolle im Beet übernehmen. Schon mit ihrer Form symbolisieren viele die Hochsommersonne. Allen voran lassen die Sonnenblumen, aber auch Doppelgänger, wie Sonnenauge, Sonnenbraut und Sonnenhut (siehe auch Grafik Seite 101) ihre goldgelben, manchmal orange- oder kupferfarbenen Scheiben erstrahlen. Sie wärmen die Beete bis September. Gesellschaft leisten ihnen zu dieser Zeit Kugeldisteln, Goldrute und Goldgarbe, Sommermargeriten und ab August Fetthennen. Im etwas kühleren Farbspektrum und daher mit Fingerspitzengefühl zu kombinieren, liegen Prachtscharte und die bezaubernden Indianernesseln, die es in vielen Farben gibt.

Doch damit verabschiedet sich der Garten noch immer nicht in den Winterschlaf. Ab September heizen Astern und Herbst-Chrysanthemen die Glut nocheinmal zum ultimativen Feuerwerk an. Wenn sich die ersten Fröste Zeit lassen, währt das Farbenmeer bis in den November hinein. Dabei ist die Palette an Leuchtkraft nicht zu schlagen, lila, violett, purpur, pink, rosa, weiß, gelb, orange oder rot. Man kann aus dem Vollen schöpfen.

Für gemäßigtere Töne zwischendrin sorgen **Gräser** (siehe auch Seite 42 f.). Sie lockern die Wucht des Saisonausklangs mit ihren fedrigen, flirrenden Samenständen etwas auf. Die Halme mancher Arten, wie der Rutenhirse, färben im Herbst rotbraun. Übrigens: Lassen Sie Gräser ruhig den Winter über stehen. Mit Raureif überzuckert versilbern sie den Wintergarten, den sie gerne mit schneebemützten Fetthennen und Indianernesseln teilen.

Der folgende Pflanzvorschlag braucht einen sehr sonnigen Standort. Die Prachtstauden Sonnenauge, Herbst-Chrysantheme, Indianernessel und Raublattaster sollte man gut düngen, Bergastern dagegen nur sehr mäßig. Die niedrigen Begleiter sind ausgesprochen anspruchslos.

Später Sommerausklang

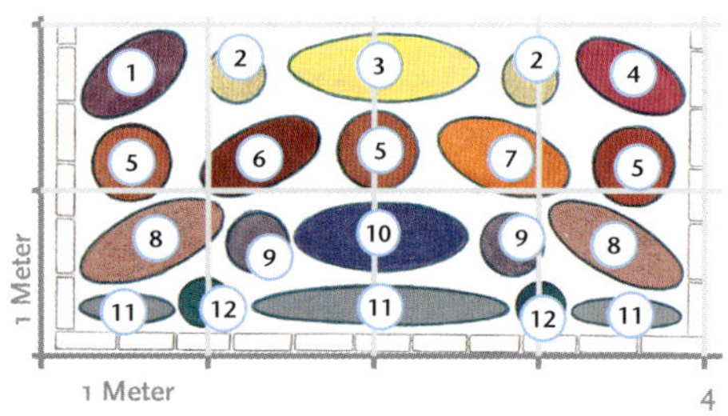

- **Thema:** Rabatte mit prachtvollem Farbspiel von Hochsommer bis Spätherbst.
- **Blütezeit:** Ab Juli bis November; der Blütenhöhepunkt liegt im September.

Glutvolle Töne gehen in dieser Kombination ineinander über: Violett und Lila, Rot von Mahagoni bis Rubin, daneben Kupferorange und Goldgelb. Die herbstroten Halme der Rutenhirse und die purpur überlaufenen Salbeiblätter untermalen die Blüten. Für Kontrastprogramm sorgen auch die Silhouetten. Breite Prachtstauden-Horste zwischen schlanken sowie überhängenden Gras-Fontänen. Den Abschluss verziert ein Wollziest-Teppich. Im Juli starten Indianernessel und Sonnenauge die Farbenpracht. Die anderen Blüten folgen im August/September nach. In milden Jahren leuchten die Herbst-Chrysanthemen bis in den November hinein.

1. **Indianernessel *(Monarda*-Hybride) – dunkelviolett, z. B. 'Mohawk', 'Prairienacht'**
2. **Garten-Reitgras *(Calamagrostis × acutiflora* 'Karl Foerster')**
3. **Sonnenauge *(Heliopsis helianthoides* var. *scabra)*, z. B. 'Hohlspiegel', 'Goldgefieder'**
4. **Raublattaster *(Aster novae-angliae)* – rubinrot, z. B. 'Rubinschatz', karminrot, z. B. 'Andenken an Paul Gerber'**
5. **Rutenhirse *(Panicum virgatum)*, z. B. 'Rehbraun', 'Haense Herms'**
6. **Herbst-Chrysantheme *(Chrysanthemum*-Indicum-Hybride) – samtrot, z. B. 'Red Velvet', 'Fellbacher Wein'**
7. **Herbst-Chrysantheme *(Chrysanthemum*-Indicum-Hybride) – kupferorange, z. B. 'Ordensstern', 'Mandarin'**
8. **Purpur-Fetthenne *(Sedum telephium)*, z. B. 'Herbstfreude', 'Munstead Red'**
9. **Purpur-Salbei *(Salvia officinalis* 'Purpurascens')**
10. **Bergaster *(Aster amellus)* – dunkelviolett, z. B. 'Veilchenkönigin', 'Kobold'**
11. **Wollziest *(Stachys byzantina)*, z. B. 'Silver Carpet'**
12. **Blauschwingel *(Festuca cinerea)***

(Porträts siehe Tabelle Seite 97)

Spätsommer- und Herbstblüher (Porträts zum Pflanzvorschlag Seite 96)

Berg-Aster
(Aster amellus)

✿ 8–9

⬆ 40–60

Lila, violette oder rosa Blütensterne stehen dicht an dicht und verwandeln die buschigen Horste in bunte Kuppeln. Liebt vollsonnige, auch trocken-heiße Plätze. Wichtig ist durchlässige Erde. Im Frühjahr pflanzen!

Raublattaster
(Aster novae-angliae)

✿ 9–10

⬆ 100–160

Sie blühen margeritenähnlich in Pink, Purpur, Rosa und Violett. Von allen Astern bilden sie die stattlichsten Horste, sind dennoch standfest. Stehen gern sonnig-warm, auf nährstoffreichen, nicht schweren Böden.

Herbst-Chrysantheme
*(Chrysanthemum-*Indicum-Hybriden)

✿ 8–11

⬆ 40–100

Eine der ältesten Kulturpflanzen, es gibt unzählige Sorten, alle Farben außer Blau, wobei die Blüten von einfach über gefüllt bis pomponartig variieren. Schätzt sonnige, nährstoffreiche Orte. Nässeempfindlich.

Sonnenauge
(Heliopsis helianthoides var. *scabra)*

✿ 7–9

⬆ 80–150

Sie kann am selben Platz jahrzehntealt werden. Er sollte sonnig und warm sein und gut mit Nährstoffen versorgt. Es existieren etliche Sorten, von einfach über halbgefüllt bis fast kugelförmig. Alle blühen gelb.

Indianernessel
(*Monarda*-Hybriden)

✿ 7–9

⬆ 70–130

Bunte Schöpfe aus mehreren Quirlen von Blütenblättern leuchten weiß, rosa, rot oder violett über dichten Horsten. Blüten und Blätter duften aromatisch. Bei Trockenheit gießen, sonst mehltauanfällig.

Purpur-Salbei
(Salvia officinalis 'Purpurascens')

✿ 6–7

⬆ 40–50

Küchensalbei ist pflegeleicht und anspruchslos. Die aromatischen Blätter sind bei dieser Sorte purpurfarben überlaufen. Liebt vollsonnige Plätze. Gelegentlich stutzen, dann bleibt der Wuchs kompakter.

Purpur-Fetthenne
(Sedum telephium)

✿ 8–10

⬆ 40–60

Schon die weiß-grünen Knospen sind dekorativ, sie öffnen sich zu rosa bis rotbraunen breiten Schirmen. Hübsche graugrüne Blätter. Liebt Sonne, sonst sehr anspruchslos.

Wollziest
(Stachys byzantina)

✿ 7–8

⬆ 10–30

Vielseitig kombinierbare Staude mit filzig behaarten Blättern. Dekorativer Bodendecker. Liebt vollsonnige, auch heiße Plätze und eher arme Böden. Pflanzloch mit Sand abmagern.

Garten-Reitgras
(Calamagrostis × acutiflora 'Karl Foerster')

✿ 7–8

⬆ 100/180*

Gedeiht auf jedem Gartenboden, von trocken bis feucht, in sonniger und halbschattiger Lage. Trägt cremeweiße Blütenrispen und später braune Samenähren.

Blauschwingel
(Festuca cinerea)

✿ 6–7

⬆ 30/50*

Stahlblaue Halme ducken sich zu malerischen, halbkugeligen Polstern. Die Blüte ist ebenfalls graugrün und unauffällig, erst die Samen verfärben sich hellbraun.

Rutenhirse
(Panicum virgatum)

✿ 8–9

⬆ 100/150*

Überhängende Halme, die sich im Herbst gelb oder rotbraun verfärben, sind ihr Markenzeichen. Sie gedeiht auf jedem Gartenboden.

Der Pflanzvorschlag könnte passend mit einem spät blühenden Schmetterlingsstrauch *(Buddleja davidii)*, etwa der purpurvioletten Sorte 'Black Knight', ergänzt werden.

Weitere Spätblüher: Herbst-Eisenhut *(Aconitum carmichaelii)*, Herbst-Anemone (*Anemone*-Japonica-Hybriden), Schildblume *(Chelone obliqua)*, Oktober-Margerite *(Leucanthemella serotina)*, Purpurdost *(Eupatorium fistulosum)*, Spätsommer-Seifenkraut *(Saponaria × lempergii)*, Herbst-Krokus *(Crocus speciosus)*.

⊙ = Einjährige Pflanze, ⊙ = Zweijährige Pflanze, Ⓩ = Zwiebelblume, ✿ = Blütezeit, ⬆ = Höhe (in cm), * Blatt/Blütenhöhe, ⊗ = frostfrei überwintern

Farben

Die heitersten Werkzeuge des Gartengestalters

Gelb, Rot und Blau bilden einen leuchtkräftigen, kontrastreichen Farb-Dreiklang.

tut nicht nur etwas mit unseren Gefühlen, sie tut auch etwas mit dem Garten. Sie kann ihn größer oder kleiner wirken lassen, bestimmte Teile heranrücken oder entfernen, leidenschaftlichen Szenen anheizen oder in romantischen Schleiern entrücken. Kurz: Farben sind ein hervorragendes Werkzeug zur Gartengestaltung und noch dazu eines, das keine Perle Schweiß kostet! Man muss nur die richtigen Kleckse an die richtige Stelle setzen. Überlegen Sie daher gut, was Sie wollen und platzieren Sie Farben bewusst. Andernfalls führen Spontankäufe leicht zu einem zufälligen, kunterbunten, unruhigen Sammelsurium. Das ist zwar auch erlaubt – wem's gefällt –, aber in puncto Farbe ist weniger in aller Regel mehr.

Wann sehen Sie rot?

Werden Sie manchmal gelb vor Neid? Oder halten Sie es gerne mit dem angelsächsischen »feeling blue, soft and lazy«? Wie auch immer. Schon Goethe hat herausgefunden: »Die Farbe tut etwas«. Sie beeinflusst die Stimmung der Menschen. So wie das rote Tuch des Toreros Stiere zum Rasen bringt, weckt auch ein mit Rot überladener Raum schneller Temperament oder gar Aggression als eine in besänftigendem Grün oder Blau gehaltene Ausstattung. Das belegen wissenschaftliche Studien inzwischen ganz klar. Lieblingsfarben sind kein Zufall, sie verraten auch etwas über unser Naturell. So ist Farbgebung immer eine ganz individuelle Geschmacksache – auch im Garten. Erlaubt ist, was gefällt.

Dennoch lohnt es sich, gerade bei der Planung eines Blumengartens, dem dominanten Merkmal Blütenfarbe ein paar Gedanken vorab zu widmen. Denn Farbe

Kugeldistel und Sonnenauge: das komplementäre Paar steigert die Farbintensität gegenseitig.

Die Kombination macht's. Ob eine Farbe wirkt oder untergeht, die Haupt- oder die Nebenrolle spielt, hängt wesentlich von den Begleitfarben ab. Sogar ein- und derselbe Farbton, sagen wir ein bestimmtes Gelb, wird, wenn es von Rot umgeben ist, subjektiv anders empfunden als in der Nähe von Blau. Der Farbkreis veranschaulicht die bunte Theorie und ist ein gutes Hilfsmittel bei der Planung.

Auf dem **Farbkreis** sind die drei Grundfarben Gelb, Blau, Rot sowie dazwischen ihre Mischfarben Orange, Violett und Grün angeordnet. Das Spektrum von Gelb bis Rot empfindet man als **warmtonig**, von Blau bis Grün als **kühl**. Legt man an beliebiger Stelle eine Gerade in den Kreis, so verbindet sie immer zwei **Komplementärfarben**, z. B. Gelb und Violett, Blau und Orange. Solche Farbpaare verfügen über keine gemeinsamen Farbpigmente. Sie bilden den größtmöglichen Gegensatz. Durch den starken Kontrast bringen sie sich gegenseitig so richtig zum Leuchten. Im Beet sorgen sie für Spannung und muntere Lebensfreude.

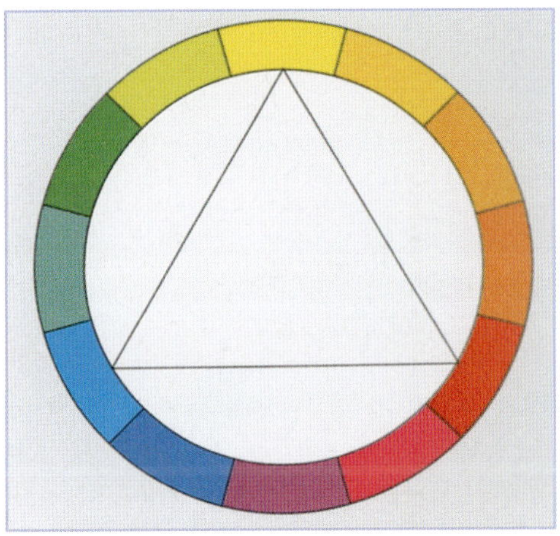

Verschiedene Rosastufen Ton-in-Ton, hier gewagt kombiniert mit Orange.

Platziert man ein gleichseitiges Dreieck in den Kreis, kann man es drehen, wie man will, seine Spitzen markieren immer einen kontrastreichen aber harmonischen **Farb-Dreiklang**, etwa Blau, Gelb, Rot.

Ein beliebiges Kreisviertel herausgenommen, beschreibt einen **Ton-in-Ton-Farbverlauf**. Ähnliche Nuancen, mit einem hohen Anteil gleicher Pigmente, gehen hier ineinander über. Solche Pflanzungen wirken sehr harmonisch und sanft.

Und was ist mit **Weiß**? Es kommt weder auf dem Farbkreis noch im Regenbogen vor. Es gilt auch in der Farblehre nicht als echte Farbe. Im Garten spielt Weiß dennoch eine wichtige Rolle (siehe Seite 110 ff.). Aus der Malerei kennt man außerdem, dass Weißanteile die Farbe verändern, sie machen aus **Leuchtfarben Pastelltöne**. Diese wirken zurückhaltender, romantisch, und kommen vor allem an trüben Tagen zur Geltung. Erstere dagegen leuchten nur in voller Sonne.

Und noch ein Wort zu **Grün**. Es ist im Garten so selbstverständlich, dass man es oft gar nicht als Farbe wahrnimmt. Dabei bringt es mit seiner ruhigen Kulisse die anderen Farben erst zum Strahlen. Wie alle anderen changiert es, von Bläulich- bis Gelbgrün oder mit Weißanteil zu Grau. Damit lässt sich bewusst arbeiten!

Leuchtendes Gelb

Wie Sonnenstrahlen erwärmen gelb blühende Pflanzen den Garten, und das sogar an trüben Tagen. Sie hellen mit ihrer Leuchtkraft dunkle Ecken auf und spielen die Muntermacherrolle im Beet. Ihr Naturell verbreitet lebhafte Heiterkeit und Leichtigkeit. Und: Gelb lässt sich mit fast allen Farben kombinieren.

Highlights setzen sie ins Beet, die gelb blühenden Stauden und Sommerblumen. Einzeln eingestreut ins Grün wirken sie wie kleine Lichtreflexe. Größere Beete lassen regelrecht die Sonne aufgehen. Und zwar im dreifachen Sinn: Einmal wegen ihrer Helligkeit, außerdem weil wir die Farbe der Sonne als warm empfinden, und schließlich weil sie unser Gemüt aufheitern.

Ob es Zufall ist, dass gerade im **Frühjahr** besonders viele Gelbblüher die Saison eröffnen? Winterling, Narzissen, Gämswurz, Schlüsselblume, Forsythie und Goldregen lassen die Laune nach den langen Wintermonaten wieder aufleben. Doch der gelbe Reigen zieht sich durchs ganze Jahr. Auswahl gibt es immer.

Einen kleinen Höhepunkt bietet jedoch der **Spätsommer**, wenn die vielen Stauden erblühen, bei denen schon der Name Programm ist: Sonnenauge, Sonnenhut, Sonnenbraut und Sonnenblume. Sie alle schmücken sich mit gelben Strahlenblüten um eine häufig dunklere Mitte und ähneln damit unserer Hauptenergiespenderin.

Im Sortiment der **Ein- und Zweijährigen** geht es jedoch nicht minder sonnig zu. Allein die Vielfalt der Studentenblumen ermöglicht abwechslungsreiche Beete. Die riesigen Bälle der Erecta-Hybriden sind nicht immer leicht zu integrieren. Gesellschaftsfähiger erweisen sich die Patula-Formen, und völlig problemlos die zierlichen *Tagetes tenuifolia*. Ein weiterer Bauerngarten-Klassiker in Gelb (und Orange) ist die Ringelblume. Unter den Zweijährigen verbreiten Goldlack und Königskerze heitere Atmosphäre.

Hell, aber nicht grell, dieses Motto sollte man im Auge behalten. Denn eine so kräftige Farbe kann auch schnell zu plump oder zu aufdringlich wirken. Wichtig im Umgang mit Gelb ist ein ausgewogenes Verhältnis zu den Partnerpflanzen. Vermeiden Sie große Flächen aus ein und derselben Pflanze. Besser man setzt hier und da ein paar Tuffs. In Kombination mit anderen Blütenfarben hält man gelbe Pflanzen mengenmäßig knapper.

Traumpartner blühen violett oder blau. Die Komplementärfarben bringen sich gegenseitig zum Leuchten. So entstehen lebhafte, muntere Gartenbilder. Auch mit Rot kann sich Gelb sehen lassen, es dämpft etwas dessen Aggressivität. Harte Gegensätze, wie Zitronengelb und Blutrot, womöglich noch im Mix mit weiteren Farbtönen, empfinden viele jedoch als zu bunt und grell. Atemberaubend dagegen wirken gelungene Farbverläufe, von Gelb- über Orange- und Kupfertöne bis zu warmem Glutrot. Sie malen Gartenbilder voller Temperament und Leidenschaft, und klingen dennoch harmonisch zusammen. Wem das zu heiß und schwül klingt, der kombiniert Gelb mit Weiß. Dieses Duo verleiht Rabatten eine erfrischende, spritzige Note.

Von besonderem Reiz und nicht zufällig schwer im Trend sind **einfarbige Beete**. Damit einfarbig nicht eintönig wird, spielt eine abwechslungreiche Kombination von Wuchs- und Blütenformen bei der Gestaltung eine besonders wichtige Rolle.

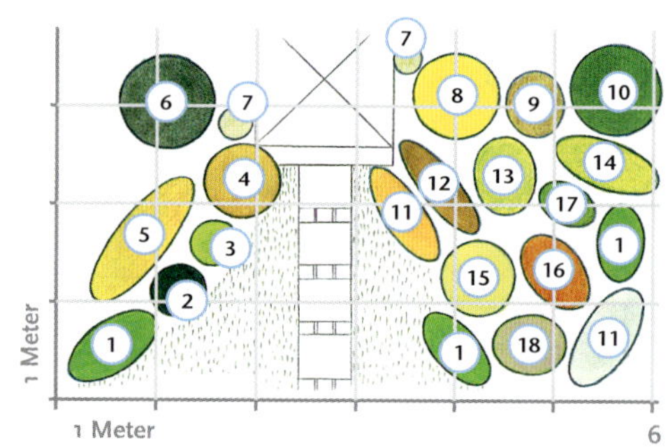

Ein Sommer voller Sonnentage

1. Frauenmantel *(Alchemilla mollis)*
2. Gelbblatt-Funkie *(Hosta-*Hybride) – gelbes Blatt, grüner Rand, z. B. 'Aureomaculata'
3. Gelbblatt-Funkie *(Hosta-*Hybride) – grünes Blatt, gelber Rand, z. B. 'Aureo Marginata'
4. Taglilie *(Hemerocallis-*Hybride) – zitronengelb, z. B. 'Berlin Lemon', 'Lemon Bells'
5. Goldfelberich *(Lysimachia punctata)*
6. Goldregen *(Laburnum × watereri)*, z. B. 'Vossii'
7. Gold-Waldrebe *(Clematis tangutica)* – gelb, z. B. 'Lambton Park', 'Aureolin'
8. Strauchrose – gelb, z. B. 'Lichtkönigin Lucia'
9. Sonnenbraut *(Helenium-*Hybride) – hellgelb, z. B. 'Sonnenwunder', 'Kugelsonne'
10. Zebraschilf *(Miscanthus sinensis)* – gelb gestreift, z. B. 'Zebrinus'
11. Nadelblättriges Mädchenauge *(Coreopsis verticillata)* – hellgelb, z. B. 'Moonbeam'
12. Sonnenhut *(Rudbeckia fulgida)*
13. Sonnenauge *(Heliopsis helianthoides* var. *scabra)* – goldgelb, z. B. 'Goldgrünherz'
14. Goldrute *(Solidago-*Hybride) – z. B. 'Ledsham', 'Strahlenkrone'
15. Beetrose – gelb, z. B. 'Friesia'
16. Sonnenbraut *(Helenium bigelovii)* 'The Bishop'
17. Steppen-Wolfsmilch *(Euphorbia seguieriana* subsp. *niciciana)*
18. Gelbbunter Salbei *(Salvia officinalis* 'Icterina')

(Porträts siehe Tabelle Seite 102)

- **Thema:** Ton-in-Ton Pflanzung aus rein gelb blühenden Stauden und Gehölzen.
- **Blütezeit:** Von Mai bis Oktober; die Grafik zeigt den Garten im Juli/August.

Trübe Stimmung, trüber Himmel? Dann lassen Sie sich hier nieder. An diesem Sitzplatz geht die Sonne während der ganzen Saison nie ganz unter. Im Mai hängt der Goldregen den Himmel voller gelber Rispen. In seinem Schatten hellen ab Juni Frauenmantel, Taglilie und Goldfelberich zusammen mit gelb gefleckten Funkien die Szene auf. Gold-Waldreben hüllen den kleinen Pavillon in eine lichte Wolke. Die andere Seite liegt in voller Sonne und macht ihrer Energiequelle farblich Konkurrenz. Hier sprudeln das grüngelbe Zebraschilf und die Goldrute ihre Fontänen zum Himmel, untermalt von breiten Wolfsmilch-Schirmen und zarten Frauenmantel-Schleiern. Zwei öfterblühende Rosen steuern ihre Blütenbälle bis September bei, begleitet von den Scheiben der »Sonnen-Blumen« sowie der zierlichen Mädchenaugen.

Gelb blühende und gelb panaschierte Garten-Pflanzen (Porträts zum Pflanzvorschlag Seite 101)

Frauenmantel *(Alchemilla mollis)*	Nadelblättriges Mädchenauge *(Coreopsis verticillata)*	Steppen-Wolfsmilch *(Euphorbia seguieriana* subsp. *niciciana)*	Sonnenbraut *(Helenium*-Hybriden/*H. bigelovii* 'The Bishop')	Sonnenauge *(Heliopsis helianthoides* var. *scabra)*	Taglilie *(Hemerocallis*-Hybriden)	Gelbblatt-Funkie *(Hosta*-Hybriden)	Goldfelberich *(Lysimachia punctata)*
✿ 6–8	✿ 6–9	✿ 7–8	✿ 6–9/7–8	✿ 7–9	✿ 5–8	✿ 7–8	✿ 6–9
⬆ 30–50	⬆ 30–40	⬆ 50–60	⬆ 50–150/50–60	⬆ 80–150	⬆ 40–100	⬆ 60–60	⬆ 80–120
Das Multitalent wirkt über seine dekorativen Blätter auch außerhalb der Blütezeit. Im Sommer zieren duftige grüngelbe, Blütenschleier die Horste. Rückschnitt nach der Blüte!	Seine Blüten strahlen unermüdlich einen ganzen Sommer lang über filigranem Laub. Liebt viel Sonne, sonst stellt es wenig Ansprüche. Eine Startdüngung im Frühjahr tut ihm gut.	Zauberhafte, äußerst pflegeleichte und anspruchslose, imposante Staude. Stattliche Horste, mit bläulichen Nadeln beblättert, tragen dauerblühende grüngelbe Blütenschirme.	Eine der dankbarsten Sommerstauden, die auch dekorativen und haltbaren Vasenschmuck abgeben. Gibt es in vielen Gelb-, Orange-, Brauntönen für sonnige und nährstoffreiche Orte.	Üppige Sommerstaude, einfach zu handhaben, auch für Anfänger. Abgeblühte Stängel herausschneiden, das verlängert die Blüte. Liebt sonnige, warme, nährstoffreiche Standorte.	Es gibt tausende von Sorten in vielen Farben. Die lilienartigen Blüten erscheinen über grasartigem Laub, das buschige Horste bildet. Für nährstoffreiche, sonnige bis halbschattige Plätze.	Es gibt Sorten mit einheitlich gelbgrünem Laub, gelb gerandete oder gelbe mit grünem Rand. Alle ergeben eine stimmige Ergänzung zu Gelbblühern. Standort: halbschattig, humos.	Prächtig und lang blühende Staude mit langgestreckten Blütenrispen. Schätzt feuchte Plätze in sonniger bis halbschattiger Lage, wo sie sich gern über Ausläufer weiter ausbreitet und verwildert.

Sonnenhut *(Rudbeckia fulgida)*	Gelbbunter Salbei *(Salvia officinalis* 'Icterina')	Goldrute *(Solidago*-Hybriden)	Zebraschilf *(Miscanthus sinensis* 'Zebrinus')	Gold-Waldrebe *(Clematis tangutica)*	Goldregen *(Laburnum watereri* 'Vossii')	Beetrose 'Friesia'	Strauchrose 'Lichtkönigin Lucia'
✿ 7–9	✿ 6–7	✿ 7–9	✿ 9–10	✿ 6–8/9	✿ 5–6	✿ 6–9	✿ 6–9
⬆ 50–80	⬆ 40	⬆ 50–80	⬆ 150–200	⬆ 250–350	⬆ 400–500	⬆ 40–60	⬆ 100–150
Auf verzweigten Stängeln erstrahlen gelbbraune Sonnen. Verwelktes ausschneiden verlängert die Blüte. Braucht volle Sonne, gute Nährstoffversorgung.	Der gelbgefleckte Küchensalbei sorgt auch außerhalb der Blütezeiten für Licht im Grün. Ausgesprochen pflegeleicht für vollsonnige Plätze.	Die stattlichen Horste mit den gelben Blütenfontänen passen in naturnahe und gepflegte Gartenecken. Sie gedeihen bei voller Sonne auf jedem Boden.	Die frischgrünen Halme dieser Sorte tragen in unregelmäßigen Abständen gelbe Querstreifen. Liebt nährstoffreiche, feuchte Böden und Sonne.	Diese Waldrebe entwickelt eine Unzahl relativ kleiner Blüten, die auch noch zart duften. Ihr Fuß sollte beschattet sein, die Triebe besonnt.	Bis zu 50 cm lange, duftende Blütentrauben erscheinen an überhängenden Trieben und machen dem deutschen Namen alle Ehre.	Hervorragende, robuste Beetrose mit frischem Duft und edelrosenähnlicher Blüte in leuchtendem Gelb über glänzend dunkelgrünem Laub.	Die öfterblühende ADR-Strauchrose blüht üppig gefüllt und duftend in großen Büscheln. Sie gedeiht pflegeleicht, zuverlässig, gesund. Wichtig: Guter Boden.

⊙ = Einjährige Pflanze, ⊙ = Zweijährige Pflanze, ⓩ = Zwiebelblume, ✿ = Blütezeit, ⬆ = Höhe (in cm), * Blatt/Blütenhöhe, ⊗ = frostfrei überwintern

Gelb in zahlreichen Varianten spielt hier ineinander, von filigran bis plakativ.

dann ihren Flor erstrahlen, sorgen sie für die passende Untermalung, indem sie die Blütenfarben quasi widerspiegeln. In unserem Pflanzbeispiel übernehmen Funkien diese Rolle sowie der gelbbunte Salbei und das Zebraschilf.

Schwefel- bis goldgelb variieren außerdem die Farbnuancen. Die kühlen, ins Grünliche tendierenden Noten bringen Wolfsmilch und Frauenmantel ein sowie die Mädchenaugen-Sorte 'Moonbeam' und das Sonnenauge 'Goldgrünherz'. Zitronig leuchten die Beetrose 'Friesia' sowie die Taglilie, während Sonnenbraut und Sonnenhut die Szene warm vergolden.

Blätter und Konturen sind das Salz in der Suppe einfarbiger Rabatten. Im obigen Beispiel wechseln sowohl die Silhouetten der Pflanzengestalten wie auch die Blütenformen vielfältig ab. Das verleiht der Pflanzung Spannung und konterkariert das sanfte Ineinanderfließen der Blüten-Gelbtöne. Die kletternde Waldrebe sowie der Goldregen erschließen die dritte Dimension. Wer mehr Platz zur Verfügung hat, könnte die Szene um eine Forsythie oder eine Zaubernuss ergänzen. Sie würden den Start in die Sonnensaison durch ihre frühe Blüte noch weiter vorziehen. Die langen Trauben des Goldfelberichs strecken sich über die Schleier des Frauenmantels hinaus. Die grasartigen Blätter der Taglilie kontrastieren mit den breit herzförmigen der Funkien. Im rechten Beetteil bringen Zebraschilf und Goldruten mit ihrer überhängenden Form sowie Sonnenbraut und Sonnenhut mit straff aufrechtem Wuchs vertikale Strukturen ein, während sich im Vordergrund Mädchenauge und Frauenmantel so richtig breit machen. Das filigrane Laub von Wolfsmilch und Mädchenauge sticht gegen das derbere der Rosen und Prachtstauden ab.

Eine stilvolle Ergänzung gelber Blüten ergeben **gelb gefleckte** Blätter. Sie tupfen außerhalb der Blütezeiten Glanzlichter ins Beet. Lassen die Hauptdarsteller

Von Limonen- bis Dottergelb – verschiedene Töne und Wuchsformen beleben das Beet.

Klares Blau & Lila

Kühl und erfrischend besänftigen blaue Blüten die Hitze des Sommers. Blau beruhigt, rückt optisch zurück und zieht den Blick mit in die Ferne. Dadurch lässt es kleine Gärten größer wirken und vermittelt ein Gefühl von Weite. Nicht nur zur blauen Stunde strahlt es etwas Mystisches aus.

Blau verleiht dem Garten Tiefe und Distanz. Zugleich wirkt es beruhigend und frisch.

Der Himmel und das Meer tragen Blau. Vielleicht steht diese Farbe deshalb für Unendlichkeit und Weite. Auf jeden Fall lässt ein blaues Beet am Rande des Gartens oder am Ende einer Blickachse Raum und Distanz größer erscheinen. Es drängt sich nicht auf, es flieht vor dem Auge und verschmilzt mit dem Horizont. Zugleich übt Blau auf viele Menschen eine besondere Faszination aus. Möglicherweise liegt das aber auch daran, dass rein blaue Blüten im Pflanzenreich eher selten sind.

Rittersporn brilliert hier allen voran mit vielen Nuancen klaren Blaus. Verstärkung bieten nur eine Hand voll weiterer Blüher. Meist tendieren blaue Blüten entweder leicht ins kühle Lila oder mit höherem Rotanteil ins Violette. Mit Gelb und Rot kombiniert steigert Blau deren Leuchtkraft, mit kühlem Weiß entstehen frische, sanfte, elegante Gartenbilder.

Hübsche Blaublüher

- **Herbst-Eisenhut *(Aconitum carmichaelii)* – 100–140 cm, Blüten intensiv blaue Rispen, 9–10, ◑**
- **Kissenaster *(Aster*-Dumosus-Hybriden) – 15–50 cm, mehrere Sorten in Hellblau und Lila, 9–10, ○**
- **Kaukasus-Vergissmeinnicht *(Brunnera macrophylla)* – 30–50 cm, reines Hellblau, 3–5, ○–◑**
- **Karpaten-Glockenblume *(Campanula carpatica)* – 20–30 cm, Sorten hellblau bis lila, 6–8, ○–◑**
- **Rittersporn *(Delphinium*-Elatum-Hybriden) – 100–200 cm, viele Sorten, Blüten hellblau bis nachtblau, 6–7/8–9, ○**
- **Edeldistel *(Eryngium alpinum)* – 60–80 cm, Blüten stahlblau, 6–7, ○**
- **Lavendel *(Lavandula angustifolia)* – 30–60 cm, verschiedene Sorten, blau bis violett, 6–8, ○**
- **Blauraute *(Perovskia abrotanoides)* – 50–100 cm, Blüten strahlend lilablau, 7- 9, ○**
- **Wiesen-Iris *(Iris sibirica)* – 40–90 cm, Blüten blau, 5–6, braucht feuchte Böden, ○–◑**

Ein- und Zweijährige:

- **Prunkwinde *(Ipomoea tricolor)* – Kletterer, bis 400 cm, Blüten trichterförmig, reinblau, 7–10, ○**
- **Vergissmeinnicht *(Myosotis sylvatica)* – 15–40 cm, Blüten klein, aber zahlreich, blau, 4–6, ○–◑**
- **Jungfer-im-Grünen *(Nigella damascena)* – 30–60 cm, Blüten himmelblau, 6–10, ○**
- **Azur-Salbei *(Salvia patens)* – 60–80 cm, Blüten enzianblaue Ähren, 7–9, ○**

Zwiebel- und Knollenblumen:

- **Garten-Hyazinthe *(Hyacinthus orientalis)* – 20–30 cm, hellblau, 4–5, ○**
- **Blaustern *(Scilla siberica)* – 10–20 cm, Blüten als blaue Sternchen, 2–5, ○–◑**

○ = sonnig, ◑ = halbschattig, ● = schattig

Trauben-hyazinthe

Blauer geht's nicht! *Muscari armeniacum*, die 15 bis 25 Zentimeter kleine Zwiebelblume mit ihren azurfarbenen Zuckerhüten, begrüßt im April/Mai die neue Saison. Hier geht sie mit violetten Hornveilchen *(Viola cornuta)* eine harmonische Ton-in-Ton-Liaison ein. Beide gedeihen gern auf sonnigen Standorten, wie etwa dem Steingarten.

Storch-schnabel

Zur Gattung *Geranium* gehören mehrere herrlich blau oder violett blühende Arten Das duftigste Blau bietet der Himalaya-Storchschnabel *(G. himalayense)*. Er wird rund 50 Zentimeter hoch, blüht von Mai bis Juni und wächst am besten im Halbschatten. Mit strahlendem Himmelblau wartet außerdem die Wiesen-Storchschabel-Sorte *(G. pratense)* 'Mrs. Kendall Clark' auf.

Bart-Iris

Iris-Germanica-Hybriden gibt es in unzähligen Sorten, von 40 bis 120 Zentimeter Höhe, und in vielen Farben. Das blaue Spektrum ist dabei gut vertreten und variiert von Hellblau bis Nachtblau, von Lila bis Violett. Im Bild 'Proud Tradition'. Mit ihren schwertförmigen Blättern bringen sie Abwechslung in den Blätterwald der Rabatte. Sie kommen prima mit sonnig-heißen Plätzen und durchlässigen Böden zurecht. Blütezeit: Mai bis Juni.

105

Akelei

Aquilegia-Wildformen und -Hybriden lieben lichtschattige Plätze, auf humosen Böden. Es gibt mehrere blaue Sorten. Alle blühen Mai bis Juni und werden rund 50 Zentimeter hoch.

Stauden-Lein

Die himmelblauen Blütchen auf filigranen Stängeln bezaubern mit zarter Ausstrahlung. *Linum perenne* (30 bis 50 Zentimeter) blüht von Mai bis Juli und liebt sonnig-heiße Orte.

Weiches Rosa & Violett

Romantiker und Träumer schwelgen bevorzugt auf rosaroten Wolken. Und die Natur meint es gut mit Ihnen, denn die Auswahl an Blüten dieses Spektrums ist riesengroß. Von sanften Pastelltönen bis zu lautem, frechem Pink und dunklem Violett reicht das Angebot.

Von Pastell bis fast Schwarz reichen die Helligkeitswerte von Rosa und Violett.

Eine entrückte Atmosphäre zaubern kühle, helle Rosa- und Violetttöne, insbesondere in Verbindung mit filigranem Laub, das die Konturen verschwimmen und die Pflanzengestalten ineinanderfließen lässt. Kühles, vornehmes Weiß und graublättrige Begleiter steigern diesen Romantik-Effekt im Beet noch. Rosa bietet sich wie keine andere Farbe für Ton-in-Ton-Pflanzungen an, denn die Artenvielfalt an Rosablühern ist so groß, dass hier besonders bezaubernde Abstufungen gelingen. Außerdem geht Rosa nahtlos ins Violette über, was die Bandbreite noch erweitert. Die Helligkeitswerte reichen von fast weißem Pastell bis nahezu nachtschwarzem Purpur.

Blüten mit Blush-Effekt steuern die zartesten Nuancen bei. Nur ein Hauch von Rosa tönt das Weiß z. B. bei einigen Rosensorten wie 'Blush Hip' oder 'Général Kléber' sowie beim Kriechenden Schleierkraut. Andere geben sich eine leichte Gelbschattierung und driften in Richtung Lachs und Apricot ab. Nur diese Gruppe ist gefällig mit Gelb zu kombinieren. Sonst sorgt diese Verbindung eher für Dissonanzen. Kräftiger werdende Töne steuern viele Nelken, Bechermalven oder Fingerhüte bei.

Blüher in Rosa und Violett

Stauden:

- **Raublattaster *(Aster novae-angliae)* – 100–160 cm, viele Sorten rosa, karmin und violett, 9–10, ☼**
- **Prachtspiere *(Astilbe*-Arendsii-Hybriden) – 50–100 cm, viele rosa Sorten, 6–9, ◑**
- **Spornblume *(Centranthus ruber)* – 50–70 cm, Blüten karminrosa, 6–7/8–9, ☼**
- **Fingerhut *(Digitalis purpurea)* – 100–140 cm, Blüten pastell- bis himbeerrosa, 6–7, ◑–●**
- **Lichtnelke *(Lychnis coronaria)* – 50–70 cm, Blüten leuchtend karminrosa, 6–7, ☼**
- **Schwarzäugiger Storchschnabel *(Geranium psilostemon)* – 60–120 cm, Blüten magenta, 6–7, ☼–◑**
- **Pfingstrose *(Paeonia lactiflora)* – 50–110 cm, viele Sorten, hell- und dunkelrosa, 5–6, ☼**
- **Türkenmohn *(Papaver orientale)* – 30–100 cm, viele Sorten rosa und lachsfarben, 5–6, ☼**
- **Phlox *(Phlox paniculata)* – 70–130 cm, zahlreiche Sorten rosa, karmin, hellviolett, 6–9, ☼**

Sonstige:

- **Italienische Waldrebe *(Clematis viticella)* – Klettergehölz, 200–400 cm, Blüten violett, rosa, 6–9, ☼–◑**
- **Bechermalven *(Lavatera trimestris)* – 50–100 cm, einjährige Sommerblume, Blüten kräftig rosa, 7–10, ☼**
- **Tulpen *(Tulipa*-Hybriden) – 25–60 cm, viele Sorten auch in Rosa , 4–5, ☼–◑**

☼ = sonnig, ◑ = halbschattig, ● = schattig

Für echte Knaller im Beet

Für echte Knaller im Beet sorgen die leuchtkräftigen Pink-, Magenta- und Karminblüher, wie Schwarzäugiger oder Blut-Storchschnabel, Spornblume oder Lichtnelke. Sie peppen auch Ton-in-Ton-Pflanzungen auf, die sonst vielleicht zu sanft und harmonisch daherkommen. Man sollte sie jedoch sparsam einstreuen, dann wirkt ihre Intensität wie ein Laserstrahl im Raum.

Einige Pflanzen stehen geradezu symbolisch für die Farbe Rosa, weil sie innerhalb einer Art eine solche Fülle unterschiedlicher Variationen bieten. Allen voran die Rose, die der Farbe ihren Namen gab. Von Rosé, wie 'Souvenir de la Malmaison', über Hellrosa wie 'The Fairy' bis zum satten Purpurviolett einer 'Charles de Mills' beherrscht die Köngin die Klaviatur der Rosatöne in Perfektion.

Bei den Raublattastern leuchten viele Sorten im Spektrum Rosa, Karmin, Violett, Lila.

Gerade unter den pflegeleichten Alten Rosen dominiert die romantische Farbe. Zusammen mit den dicht gefüllten nostalgischen Blüten und ihrem himmlischen Duft liefern sie den Stoff, aus dem die Träume sind!

Ähnlich abwechslungsreiche Rosasinfonien lassen sich mit Phlox komponieren. Sowohl die niedrigen Polster-Formen als auch die hohen Pracht-Sorten ziehen alle Register dieser Farbe. Sie schmücken sich teilweise sogar mit zweifarbigen Blüten. Man sollte die einzelnen Pflanzen nicht zu dicht setzen. Sie brauchen neben frischen, nährstoffreichen Böden eine gute Durchlüftung, sonst erweisen sie sich anfällig für Mehltau.

In zahlreichen Rosa-Variationen changieren außerdem die prächtigen Pfingstrosen, die zweijährigen Stockrosen, Türkenmohn, Tulpen, Astilben, die robusten Raublattastern sowie einige Nelken-Arten.

Ein rosa Stelldichein geben sich die Fetthenne 'Herbstfreude' und die Rose 'Heidi'.

Der Übergang zu Violett

Der Übergang zu Violett verläuft fließend. Gerade innerhalb der Astern-Familie gehen so leidenschaftliche Töne wie Karminrosa, Purpurviolett und Dunkellila ineinander über. Mit verschiedenen Sorten lassen sich schöne Beete gestalten. Ähnlich vielseitig in diesem Spektrum zeigen sich Indianernesseln, Akeleien, Iris und viele Tulpen. Mit kletternden Waldreben kann man sich violette Vorhänge oder Baldachine über den Kopf wachsen lassen.

In der Kombination mit anderen Farben ist Violett problemlos. Abgesehen von der Traumverbindung mit Rosa harmoniert es auch mit Weiß, Blau, Gelb und meist sogar Rot. Dunkle Töne neigen allerdings dazu, an trüben Tagen, vor allem in entfernten Gartenecken, optisch zu verschwinden. Hier ist es wichtig, sie mit hellen Partnern zu kombinieren!

Schweres Rot & Purpur

Fingerspitzengefühl ist gefragt, wenn das temperamentvolle Rot zum Einsatz kommt. In kleinen Gärten sollte man es nur sparsam verwenden. Darüber hinaus erfordern verschiedene Rottöne in einer Rabatte eine besonders feinfühlige Abstimmung mit den Nachbarn.

Rote Blüten lassen sich wirkungsvoll mit purpurfarbenem Laub kombinieren.

Rot ist die Liebe, aber auch die Wut, das Blut und der Kampf. Rot rührt wie keine andere Farbe an tiefe Gefühle und Emotionen. Es ist voller Leidenschaft und Temperament. Daher kann es ungeheuer aufpeppen, Antrieb geben, Energie verleihen, aber im ungünstigen Fall eben auch Aggressionen wecken. Gehen Sie im Garten daher sehr bewusst mit der Farbe Rot um. Sie drängt sich optisch stark auf, rückt auf den Betrachter zu und lässt, bei großflächiger Verwendung, kleine Gärten noch weiter schrumpfen. Am besten man setzt damit nur einzelne Akzente.

Hier und da ein roter Farbklecks im Garten ist natürlich völlig problemlos. Er wirkt als Hingucker. Selbst wenn es nur eine schlichte Pflanze ist, wie Klatschmohn, trumpft das komplementäre Farbpaar, rote Blüte über grünem Blatt – einfach mit Signalwirkung auf. Als **Blühpartner** harmonieren Weiß und Blau ohne Spannungen, meist auch dunkle Violetttöne. Bei Gelb kommt es ganz auf die Nuancen an, damit es nicht zu grell wirkt.

Warm oder kalt entscheidet über die Wirkung. Bei keiner anderen Farbe tritt der »Temperaturunterschied« so auffällig hervor. Mit Gelbanteil tendiert Rot zu leuchtenden, warmtonigen, feurigen Nuancen, die sich gut mit Orange und Gelb umgeben lassen. Viele Sorten moderner Rosen sowie Stauden wie Sonnenbraut, Türkenmohn und Taglilien bieten hier reichliche Auswahl, aber auch Sommerblumen wie Kapuzinerkresse oder Zinnien. Ein höherer Blauanteil verschiebt das Spekrum zu kühlen Karmin- und Purpurtönen (siehe Seite 106 f.), zum Beispiel viele Astern und Indianernesseln. Eine weitere Spielart sind schwarz- oder braunrote Blüten, wie sie die Schwarze Stockrose 'Nigra', die Strauchrose 'Tuscany' oder die Tulpe 'Queen of the Night' mitbringen. Sie haben immer einen etwas geheimnisvollen samtigen Schimmer.

Will man eine Rabatte mit verschiedenen Rottönen ausstatten, gelingt das am leichtesten, wenn man sich mit der Sortenauswahl auf warme oder kühle Rotblüher beschränkt. Beide zu verbinden bedeutet eine echte gestalterische Herausforderung. Wo sie gelingt, entstehen jedoch ganz außergewöhnliche Szenen. Rot-in-Rot-Beete sollten sich immer in der Nähe des Betrachters entfalten. Auf Distanz wirken sie nicht. Und sie sollten stets nur kleine Flächen beanspruchen.

Blüher in Rot und Purpur

- **Raublattaster *(Aster novae-angliae)* – 100–160 cm, viele Sorten, auch purpur-, rubinrot, 9–10, ○**
- **Herbst-Chrysantheme *(Chrysanthemum*-Indicum-Hybriden) – 40–100, viele Sorten auch rot, 8–11, ○**
- **Nelkenwurz *(Geum coccineum)* – 20–40 cm, Blüten scharlach- bis orangerot, 5–8, ◑**
- **Sonnenbraut *(Helenium*-Hybriden) – 50–150 cm, viele Sorten, auch rot und rotbraun, 6–9, ○**
- **Taglilien *(Hemerocallis*-Hybriden) – 40–110 cm, viele Sorten, auch hell- und dunkelrot, 5–8, ○–◑**
- **Brennende Liebe *(Lychnis chalcedonica)* – 80–100 cm, Blüten scharlachrot, 6–7, ○**
- **Türkenmohn *(Papaver orientale)* – 30–100 cm, viele Sorten in leuchtendem Rot, 5–6, ○**
- **Indianernessel *(Monarda*-Hybriden) – 70–130 cm, viele Sorten, rot, purpur und violett, 7–9, ○**
- **Fetthenne *(Sedum telephium)* – 40–60 cm, mehrere Sorten, rot, purpur, rotbraun, 8–10, ○**
- **Sonnenröschen *(Helianthemum*-Hybriden) – 15–20 cm, viele Sorten, auch in Rot, 5–9, ○**

Ein- und Zweijährige:

- **Stockrose *(Alcea rosea)* 'Nigra' – 200 cm, Blüten schwarzrot, 7–9, ○**
- **Scharlach-Lobelie *(Lobelia fulgens)* – 60–80 cm, Blüten scharlachrot, 7–9, ○**
- **Klatschmohn *(Papaver rhoeas)* – 40–70 cm, Blüten leuchtend scharlachrot, 6–9, ○**
- **Scharlach-Salbei *(Salvia coccinea)* – 40–60 cm, scharlachrote Lippenblüten, 6–9, ○**
- **Kapuzinerkresse *(Tropaeolum majus)* – 30–300 cm, (kletternd), auch rote Sorten, 7–10, ○–◑**
- **Zinnie *(Zinnia elegans)* – 30–100 cm, Sorten in Scharlach- und Karminrot, 7–10, ○**

○ = sonnig, ◑ = halbschattig, ● = schattig

Dunkellaubige Begleiter sind der Schlüssel zum gelungenen Mix verschiedener Rotblüher. Geben Sie den kraftvollen Energiebündeln einen besänftigenden Rahmen, der die Stimmung aufgreift, aber nicht aufheizt. Am überzeugendsten gelingt dies mit rot- oder purpurlaubigen Nachbarn.

Gehölze wie Perückenstrauch, Schlitzahorn (*Acer palmatum* 'Dissectum') oder Berberitze *(Berberis thunbergii)* sorgen für Ruhepole und harmonieren dennoch Ton-in-Ton. Aber auch Stauden wie Purpurglöckchen oder die Günsel-Sorte 'Atropurpurea' vermitteln mit ihrem braunroten Laub geschickt zwischen warmen und kühlen roten Blüten. Der Schwarze Schlangenbart (*Ophiopogon planiscapus* 'Niger') setzt besonders aparte, geheimnisvolle »schwarze Löcher« ins Beet. Ergänzen kann man herbstfärbende Arten, wie einige Bergenien, sowie Pfingstrosen oder Gräser wie die Rutenhirse. Sie sorgen für einen Paukenschlag zum Saisonende.

Eher ins kühle Purpur-Violett tendiert die Blattfarbe des Purpur-Salbei. Wie ein sanfter Schleier legt sie sich über die sonst bläulichen Blätter. Auch etliche einjährige Purpurblättrige können als Farbverstärker für eine Saison dienen, etwa rotlaubige Basilikumsorten, Schwarznesseln *(Perilla frutescens)* oder Buntnesseln *(Plectranthus)*.

Purpurlaubiger Salbei und rotblättrige Fetthenne untermalen hier violette Blüten.

Edles Weiß & Silbergrau

Zum Aufatmen erscheint uns die Atmosphäre in weißen Gärten. Sie scheinen zu schweben, insbesondere in Gesellschaft silberlaubiger Stauden, so leicht und zart ist ihre Ausstrahlung. Zugleich beruhigen und erfrischen sie und strahlen eine etwas noble Eleganz aus. Ihre Fernwirkung ist unvergleichlich!

Ein Mix aus weißen Blütenformen: Vor dunkelgrüner Kulisse strahlen sie besonders rein.

Für Workaholics ist ein reinweißes Beet der ultimative Tipp. Denn Weiß ist in der Dämmerung am längsten sichtbar und leuchtet in mondhellen Nächten sogar noch in der Dunkelheit. Wer also vorwiegend abends den Garten genießt, sollte dieser Farbe großen Stellenwert geben. Außerdem verleiht es dunklen Nischen mehr Helligkeit und rückt durch seine Leuchtkraft auch entferntere Gartenteile in den Blickpunkt der Aufmerksamkeit.

Doch was heißt hier Farbe? Streng genommen ist Weiß keine Farbe, sondern vielmehr die Summe aller Farben, und es lässt sich problemlos mit allen kombinieren. Es kann zwischen sich beißenden Blühpartnern vermitteln. Ebenso wie Blau strahlt es Kühle und Frische aus, schafft Weite und Distanz. Auf unser Gemüt wirkt es entspannend. Insekten finden Weiß oft wenig attraktiv, das tut der Häufigkeit von Weißblühern in der Natur jedoch wenig Abbruch, schließlich gibt es ja auch noch den Wind als Bestäuber. Viele Gehölze, Zwiebel- und Sommerblumen blühen weiß, und ebenso zahlreiche Stauden, ob Wildform oder Züchtung. Oft gibt es von andersfarbigen Arten, eine weiße Variante (siehe Seite 112).

Rund ums Jahr steht ein großes Angebot zur Verfügung, angefangen von Schneeglöckchen, Buschwindröschen und Krokus im Frühjahr, über Bart-Iris, Rittersporn, Pfingstrosen und Rosen bis hin zu späten Herbst-Chrysanthemen und Oktober-Margeriten. Ob es an dieser Fülle der Möglichkeiten liegt, dass reinweiße Beete immer beliebter werden? Fest steht, Blühpausen braucht man dabei nicht in Kauf zu nehmen. Wie bei allen einfarbigen Kompositionen, sollten jedoch die Nuancen variieren, von creme- über grünlich- bis rosaweiß, sowie die Blüten- und Laubformen. Die Palette reicht vom filigranen Schleierkraut bis zu den imposanten Kerzen des Rittersporns.

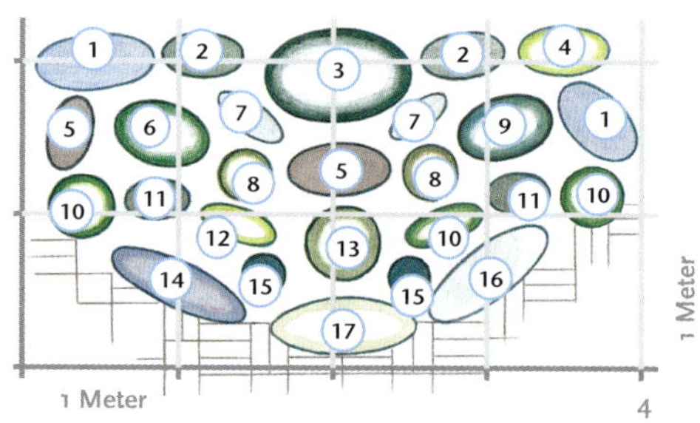

Romantisches Beet in Weiß und Silber

- **Thema:** Elegantes, duftiges, rein weißes Beet mit silberlaubigen Begleitern.
- **Blütezeit:** Von Mai bis Oktober; im Juni sind alle weißen Blüten gleichzeitig präsent.

Von Frühsommer bis Herbst blüht es in diesem Beet weiß, trotzdem wird es nie langweilig. Dafür sorgen unterschiedliche Blüten- und Laubformen sowie der Wechsel zwischen dunkelgrünem mit silbergrauem Laub. Der Star des Ensembles ist die Alte Strauchrose 'Mme Hardy'. Sie wird gesäumt von duftigen, silbrigen Edelgarben, Edeldisteln und Schleierkrautwolken. Wuchtige Akzente steuern die sattgrünen Horste der Pfingstrosen mit ihren plusterigen Blütenbällen bei, sowie die großen Schalen des Türkenmohns. Die Schwerter der Bart-Iris und die geschlitzten Spreiten des Blut-Storchschnabels setzen die kräftigen Grüntöne fort, während der graue Küchen-Salbei, der zierliche Lein und der kühle Blauschwingel und im Vordergrund Wollziest, Glockenblumen und Duftsteinrich nochmal Transparenz und Leichtigkeit einbringen.

1. **Steppen-Schleierkraut *(Gypsophila paniculata)* – schneeweiß, gefüllt, z. B. 'Bristol Fairy'**
2. **Edelraute *(Artemisia arborescens)* 'Powis Castle'**
3. **Alte Strauchrose 'Mme Hardy'**
4. **Bart-Iris *(Iris*-Germanica-Hybride) – reinweiß, z. B. 'Silverado', 'Leda's Lover'**
5. **Edeldistel *(Eryngium planum)*, z. B. 'Silverstone'**
6. **Pfingstrose *(Paeonia lactiflora)* – weiß, gefüllt, z. B. 'Mme de Verneville', 'Baronesse Schröder'**
7. **Vexiernelke *(Silene coronaria)*, 'Alba'**
8. **Türkenmohn *(Papaver orientale)* – weiß, z. B. 'Perry's White', 'Black and White'**
9. **Spornblume *(Centranthus ruber)* 'Albiflorus'**
10. **Weißer Blut-Storchschnabel *(Geranium sanguineum)* 'Album'**
11. **Küchen-Salbei *(Salvia officinalis* 'Berggarten')**
12. **Niedrige Bart-Iris *(Iris*-Pumila-Hybride) – weiß, z. B. 'Crystal Bright', 'Chalk Mark'**
13. **Lein *(Linum perenne)* 'Album'**
14. **Duftsteinrich *(Lobularia maritima)***
15. **Blauschwingel *(Festuca cinerea)***
16. **Wollziest *(Stachys byzantina)***
17. **Karpaten-Glockenblume *(Campanula carpatica)* – schneeweiß, z. B. 'Weiße Clips'**

(Porträts siehe Tabelle Seite 112)

Weiß blühende und silberlaubige Pflanzen (Porträts zum Pflanzvorschlag Seite 111)

Edelraute *(Artemisia arborescens* 'Powis Castle')	Karpaten-Glockenblume *(Campanula carpatica* 'Weiße Clips')	Spornblume *(Centhranthus ruber* 'Albiflorus')	Edeldistel *(Eryngium planum* 'Silverstone')	Weißer Blut-Storchschnabel *(Geranium sanguineum* 'Album')	Steppen-Schleierkraut *(Gypsophila paniculata)*	Bart-Iris *(Iris*-Germanica-/*Iris*-Pumila-Hybriden)	Staudenlein *(Linum perenne* 'Album')
✿ 7–9	✿ 6–8	✿ 6–7/8–9	✿ 6–8	✿ 5–8	✿ 6–7	✿ 5–6	✿ 5–7
⬆ 80–100	⬆ 20–30	⬆ 50–70	⬆ 60–80	⬆ 30	⬆ 80–100	⬆ 10–120	⬆ 30–50
Sehr fein zerteiltes, filigranes, silbriges Laub setzt ätherische Akzente ins Beet und duftet aromatisch. Die Triebe verholzen. Liebt volle Sonne und gut durchlässigen Boden.	Die Grundform blüht lilablau, 'Weiße Clips' schneeweiß. Die kleinen kompakten Horste passen gut in den Beetvordergrund. Sie lieben gut durchlässige Böden und viel Sonne.	Anspruchslose, äußerst pflegeleichte Staude für vollsonnige, auch heiße Standorte. Ein Rückschnitt nach der Hauptblüte bewirkt Zweitflor. Die Grundform blüht karminrosa.	Eleganz pur: weiße Blütenköpfe, gerahmt von geschlitzten Hochblättern, dazu grausilbriges Laub. Hungerkünstler, auch für sandig-trockene, heiße Orte. Grundform blau.	Toller Kontrast: weiße Blüten über dunkelgrünem, eingeschnittenen Laub. Die heimische Wildstaude ist sehr anpassungsfähig, mag Sonne und Halbschatten. Grundform blüht rosa.	Winzige, weiße Blüten auf fein verästelten Trieben lassen die Pflanze wie eine Wolke schweben. Graues Laub unterstreicht die ätherische Note. Liebt Trockenheit und sandige Böden.	Sie vertragen viel Trockenheit und lieben volle Sonne und Hitze. Unter den zahlreichen Sorten gibt es auch rein weiße. Die aufrechten, schwertförmigen Blätter überwintern.	Auf grazilen Stängeln sitzen runde Tellerblüten. Die Grundform blüht blau. Blaugrünes, schmales Laub. Genügsame Staude für durchlässige, trockene Böden in voller Sonne.

Weiße Lichtnelke *(Silene coronaria* 'Alba')	Pfingstrose *(Paeonia lactiflora)*	Türkenmohn *(Papaver orientale)*	Küchen-Salbei *(Salvia officinalis* 'Berggarten')	Wollziest *(Stachys byzantina)*	Blauschwingel *(Festuca cinerea)*	Duftsteinrich *(Lobularia maritima)*	Alte Strauchrose 'Mme Hardy'
✿ 6–7	✿ 5–6	✿ 5–6	✿ 6–7	✿ 7–8	✿ 6–7	✿ 6–10	✿ 6–7
⬆ 50–70	⬆ 50–110	⬆ 30–100	⬆ 40–50	⬆ 10–30	⬆ 30/50*	⬆ 5–15	⬆ 130–180
Grau-silbrige, dekorative Blattrosetten unterstreichen das noble Weiß der Blüten. Die Grundform leuchtet karminrosa. Liebt trockene Plätze.	Es gibt einfache und gefüllte Sorten in Weiß. Die üppigen, dunkelgrünen Horste brauchen viel Sonne und Nährstoffe. Sie werden sehr alt.	Bei den rein weißen Sorten hebt sich der schwarze Blütenschlund kontraststark ab. Mohn liebt vollsonnige, auch heiße Standorte. Keine nassen Plätze!	Sehr schön kompakt wachsende Sorte mit rundlichen, grauen Blättern, die überwintern. Anspruchsloser Halbstrauch für volle Sonne.	Webt mit seinen flauschig behaarten Blättern einen silbernen Teppich durchs Beet. Hungerkünstler für vollsonnige, magere Standorte.	Er setzt dekorative stahlblaue Strubbelköpfe ins Beet, stets nur einzeln platzieren. Betont die kühle Note von Weiß. Mag Trockenheit und Hitze.	Nach Honig duftender, pflegeleichter Dauerblüher. Bildet niedrige, weiße Polster. Am besten im Beetvordergrund. Liebt sonnige, warme Lagen.	Die kleinen, weißen, gefüllten Blüten mit grünem Knopfauge duften sogar. Die pflegeleichte Damaszener-Rose verträgt auch Halbschatten.

⊙ = Einjährige Pflanze, ⊙ = Zweijährige Pflanze, ⓩ = Zwiebelblume, ✿ = Blütezeit, ⬆ = Höhe (in cm), * Blatt/Blütenhöhe, ⊗ = frostfrei überwintern

Silberblättrige Untermalung hebt Weiß in seiner Wirkung. Der kühle Glanz sorgt für einen festlichen Unterton, die verschwimmenden Konturen für romantische »Nebelschleier« im Beet, die die Pflanzung wie auf einer Wolke abheben lassen.

Graue Eminenzen, wie Wollziest, Edelraute, Heiligenkraut oder Königskerze, machen zwischen Weißblühern daher stets eine gute Figur. Geradezu genial wirkt sich natürlich die Verknüpfung »graues Laub und weiße Blüte« in einer Pflanze aus, wie z. B. bei der weißen Lichtnelke, der weißen Edeldistel oder weißem Lavendel. Für einfarbige Beete, die im Übrigen am wirkungsvollsten vor der dunkelgrünen Kulisse einer immergrünen Hecke zur Geltung kommen, sind sie echte Kostbarkeiten, sollten jedoch hier und da, wie in unserem Pflanzvorschlag (Seite 111), von dunkelgrünen Horsten, etwa Pfingstrosen, Mohn oder Weißem Blut-Storchschnabel konterkariert werden.

Ein weiteres Stilmittel, das Spannung und Abwechslung in weiße Beete bringt, geben weiß gefleckte Blattschmuckstauden an die Hand. Sie greifen die Farbe der Blüten auf und weben den weißen Faden weiter durchs Beet, auch über die Blütezeiten hinaus. In Schattenbereichen können diese Rolle z. B. Funkien-Sorten oder das bezaubernde gefleckte Lungenkraut übernehmen. Auf anderen Standorten erzielt man mit der Ananasminze *(Mentha suaveolens* 'Variegata') oder der verholzenden Kriechspindel 'Emerald Gaiety' den gleichen Effekt. In voller Sonne überzeugt der grün-weiß-rosa gemusterte Küchen-Salbei 'Tricolor' am meisten.

Grau- und silberlaubige Arten lassen das Ensemble »schweben«.

Weitere edle Graulaubige

- **Silber-Perlkörbchen *(Anaphilis triplinervis)* – 20–50 cm, graugrün, Blüten weiß, 7–9, ○**
- **Edelraute *(Artemisia absinthium* 'Lambrook Silver') – 60–80 cm, graugrün, Blüten unscheinbar, ○**
- **Filziges Hornkraut *(Cerastium tomentosum* var. *columnae)* – 10–15 cm, silber, Blüten weiß, 5–6, ○**
- **Pfingstnelke *(Dianthus gratianopolitanus)* – 5–20 cm, graugrün-silber, Blüten rosa, weiß, 5–7, ○**
- **Lavendel *(Lavandula angustifolia)* – 30–60 cm, verschiedene Sorten, blau-violett, weiß, 6–8, ○**
- **Federmohn *(Macleaya cordata)* – 200 cm, blaugrau, Blüten beige, 7–9, ○–◑**
- **Katzenminze *(Nepeta × faassenii)* – 20–40 cm, graugrün, Blüten lilablau, 5–10, ○**
- **Eselsdistel *(Onopordum acanthium)* – 200 cm, graugrün, Blüten purpur, 7–8, ○**
- **Blauraute *(Perovskia abrotanoides)* – 50–100 cm, Halbstrauch, graugrün, Blüten lilablau, 7–9, ○**
- **Weinraute *(Ruta graveolens)* – 50–70 cm, blaugrau, Blüten gelb, ○–7, ○**
- **Heiligenkraut *(Santolina chamaecyparissus)* – 30–50 cm, silbergrau, gelbe Blütenköpfe, 7–8, ○**
- **Fetthenne *(Sedum telephium)* – 40–60 cm, grüngrau, Blüten rot, purpur, 8–10, ○**
- **Silbergrauer Ehrenpreis *(Veronica spicata* subsp. *incana)* – 20–40 cm, silber, Blüten violett, 6–8, ○**

Ein- und Zweijährige:

- **Mehlsalbei *(Salvia farinacea)* – 30–50 cm, graugrün, Blüten violett, 6–10, ○**
- **Silberblatt *(Senecio cineraria)* – 15–20 cm, silbergrau, Blüten unscheinbar, ○**
- **Königskerze *(Verbascum bombyciferum)* – 120–180 cm, weiß behaart, gelbe Blütenkerzen, 6–8, ○**

○ = sonnig, ◑ = halbschattig, ● = schattig

Bezugsquellen

Garten-Versandhandel

OBI@OTTO
20088 Hamburg
Tel.: 01 80 / 50 30 00 3
www.OBI@OTTO.de

Gärtner Pötschke
Beuthener Straße 4
41564 Kaarst
Tel.: 0 21 31 / 79 33 33
www.gaertner-poetschke.de

Versandgärtnerei Baldur-Garten GmbH
Elbinger Str. 12
64625 Bensheim
Tel.: 0 62 51 / 10 35 10
www.baldur-garten.de

Dehner
86640 Rain am Lech
Tel.: 0 90 90 / 77-0
www.dehner.de

Stauden

Staudengärtner Klose
Rosenstr. 10
34253 Lohfelden
Tel.: 05 61 / 51 55 55

Arends und Maubach
Monschaustraße 76
42369 Wuppertal
Tel.: 02 02 / 46 46 10
www.arends.de

Kayser & Seibert
Odenwälder Pflanzenkulturen
Wilhelm-Leuschner-Str. 85
64380 Rossdorf
Tel.: 0 61 54 / 90 68
www.kayserundseibert.de

Syringa-Samen
Bernd Dittrich
Postfach 1147
78247 Hilzingen-Binningen
Tel.: 0 77 39 / 14 52
www.syringa-samen.de

Staudengärtnerei
Gräfin von Zeppelin
79295 Sulzburg-Laufen
Tel.: 0 76 34 / 6 97 16
www.graefin-v-zeppelin.com

Blumenschule
Rainer Engler & Sabine Friesch
Augsburger Str. 62
86956 Schongau
Tel.: 0 88 61 / 73 73
www.blumenschule.de

Staudengärtnerei
Dieter Gaissmayer
Jungviehweide 3
89257 Illertissen
Tel.: 0 73 03 / 72 58
www.staudengaissmayer.de

Österreich

Praskac Pflanzenland
A-3430 Tulln/Donau
Tel.: ++ 43 / 22 72 / 6 24 60
www. praskac.at

Stauden Feldweber
A-4974 Ort im Innkreis
Tel.: ++ 43 / 77 51 / 83 20
www. feldweber.com

Zwiebelblumen

Albrecht Hoch
Potsdamer Str. 40
14163 Berlin
Tel.: 0 30 / 80 26 25 1
www.albrechthoch.de

Horst Gewiehs GmbH
Italienischer Weg 1
37287 Wehretal
Tel.: 0 56 51 / 33 62 49
www.gewiehs-blumenzwiebeln.de

Bernd Schober
Stätzlinger Str. 94a
86165 Augsburg
Tel.: 08 21/72 98 95 00
www.der-blumenzwiebelversand.de

Sommerblumen

Sperli-Samen / Sperling & Co.
Hamburger Straße 27
21339 Lüneburg
Tel.: 0 41 31 / 3 01 70
www.sperli-samen.de

Thompson & Morgan Ltd.
Postfach 1069
22784 Hamburg
Tel.: 0 40 / 61 19 39 93
www.thompson-morgan.com

Bruno Nebelung GmbH
Kiepenkerl-Pflanzenzüchtung
Postfach 1263
48348 Everswinkel
Tel.: 025 82 / 67 00
www.nebelung.de

N. L. Chrestensen
Erfurter Samen- und Pflanzenzucht GmbH
Witterdaer Weg 6
99092 Erfurt
Tel.: 03 61 / 22 45 0
www.chrestensen.de

Blumenwiesen

Conrad Appel GmbH
Bismarckstr. 59
64293 Darmstadt
Tel.: 0 61 51 / 92 92-0
www.conrad-appel.de

Syringa Samen
Bernd Dittrich
Bachstraße 7
78247 Hilzingen-Binningen
Tel.: 0 7739 / 14 52

Rosen

Rosen Jensen
Am Schloßpark 2b
24960 Glücksburg
Tel.: 0 46 31 / 6 01 00
www.rosenjensen.de

Rosarot Pflanzenversand
Gerd Hartung
Besenbek 4b
25335 Raa-Besenbek
Tel.: 0 41 21 / 42 38 84

Rosen Tantau
Tornescher Weg 13
25436 Uetersen
Tel.: 0 41 22 / 70 84
www.rosen-tantau.com

W. Kordes´ Söhne Rosenschulen
Rosenstraße 54
25365 Klein Offenseth-Sparrieshoop
Tel.: 0 41 21 / 4 87 00
www.kordes-rosen.com

Werner Noack
Im Fenne 54
33334 Gütersloh
Tel.: 0 52 41 / 2 01 87
www.noack-rosen.de

Karl Zundel Rosenkulturen
Wartburger Str. 2
34246 Vellmar
Tel. 05 61 / 82 15 82
www.rosen-zundel.de

Rosenhof Schultheis
61231 Bad Nauheim-Steinfurth
Tel.: 0 60 32 / 8 10 13
www.rosenhof-schultheis.de

Rosen-Union
Steinfurther Hauptstraße 27
61231 Bad Nauheim-Steinfurth
Tel.: 0 60 32 / 96 53 01 oder 8 20 68
www.rosen-union.de

Rosengärtnerei Kalbus
Hagenhausener Hauptstr. 112
90518 Altdorf / Hagenhausen
Tel.: 0 91 87 / 57 29
www.rosen-kalbus.de

Lacon GmbH
J.-S.-Piazolo Str. 4
68766 Hockenheim
Tel.: 0 62 05 / 40 01 oder 70 33
www.lacon-rosen.de

Baumschule Goos
Wieslocher Str. 26
69168 Wiesloch-Baiertal
Tel.: 0 62 22 / 7 34 34

David Austin Roses
Bowling Green Lane
Albrighton
GB Wolverhampton, WV7 3HB
Tel. (gebührenfrei):
08 00 / 77 77 67 37
www.davidaustinroses.com

Österreich

Grumer Rosen
Raasdorfer Str. 28-30
A-2285 Leopoldsdorf
Tel. ++ 43 / 22 16 / 2 22 30
www.grumer.at

Schweiz

Richard Huber AG
Rothenbühl 8
CH-5605 Dottikon AG
Tel.: ++ 41 / 56 / 6 24 18 27
www.rosen-huber.ch

Gehölze

Baumschule Lorenz von Ehren
Maldfeldstraße 4
21077 Hamburg
Tel.: 0 40 / 76 10 80
www.lve.de

Gärtnerei F. M. Westphal
Clematis-Baumschule
Peiner Hof 7
25497 Prisdorf
Tel.: 0 41 01 / 7 41 04
www.clematis-westphal.de

Pflanzenhandel Huben GmbH
Schriesheimer Fußweg 7
68526 Ladenburg
Tel.: 0 62 03 / 9 28 00
www.huben.de

Gründüngungs-Mischungen

Carl Sperling & Co.
Hamburger Str. 35
21339 Lüneburg
Tel. 0 41 31 / 3 01 70
www.sperli-samen.de

Klettergerüste und Rankgitter

Classic Garden Elements
Goethestraße 27
65719 Hofheim / Ts.
Tel.: 0 61 92 / 90 04 75
www.classic-garden-elements.de

Country Garden Versand GmbH
Im Weidboden 12
57629 Norken
Tel.: 0 26 61 / 9 40 52-52
www.country-garden.de

Erden, Düngemittel, Kompostierhilfen, Pflanzenschutzmittel

Neudorff
An der Mühle 3
31860 Emmertal
Tel.: 0 51 55 / 62 40
www.neudorff.de

Dünger-Online-Shop
Yvonne Kaiser
Samuel-Hahnemann-Straße 35
38154 Königslutter
Tel.: 0 53 53 / 91 31 22
www.duenger-shop.de

Compo
Gildenstr. 38
48157 Münster
Tel.: 02 51 / 3 27 70
www.compo.de

Oscorna Dünger
Erbacher Straße 41
89079 Ulm
Tel.: 07 31 / 94 66 40
www.oscorna.de

Adressen

Bodenuntersuchung

Adressen der Bodenuntersuchungsstellen erhalten Sie bei:
VDLUFA
Bismarckstraße 41a
64293 Darmstadt
Fax: 02 28 / 4 34 24 74
www.vdlufa.de

Verbände und Vereine

Bund deutscher Staudengärtner
im Zentralverband Gartenbau e.V.
(ZVG)
Godesberger Allee 142–148
53175 Bonn
Tel.: 02 28 / 810 02 55
www.stauden.de

Gesellschaft für Staudenfreunde e.V.
Geschäftsstelle
c/o Evi Roth
Neubergstr. 11
77955 Ettenheim
Tel.: 0 78 22 / 86 18 34
www.gds-staudenfreunde.de

Verein Deutscher Rosenfreunde e. V.
c/o Bernd Weigel
Waldseestr. 14
76530 Baden-Baden
Tel.: 0 72 21 / 3 13 02
www.rosenfreunde.de

Bund deutscher Baumschulen
(BdB)
Bismarckstraße 49
25421 Pinneberg
Tel.: 0 41 01/20 59-0
www.bund-deutscher-baumschulen.de

Deutsche Rhododendron-Gesellschaft e. V.
Marcusallee 60
28359 Bremen
Tel.: 04 21 / 42 70 66 22
www.rhodo.org

Stichwortverzeichnis

Erläuterungen:
* = Abbildung (außer in Tabellen
[T] = Tabelle (mit Pflanzenportrait und Abbildung)

absonnig 17
Acer ginnala 70
Acer palmatum 70
Acer palmatum 'Dissectum' 109
Achillea filipendulina 20, 22[T]
Achillea-Hybriden 86*, 87[T]
Ackerschachtelhalm 12
Aconitum carmichaelii 25*, 26[T], 97[T], 104
ADR-Prädikat 63, 102
Ageratum houstonianum 53
Ahorn 23, 70
Ajuga reptans 41
Ajuga reptans 'Atropurpurea' 25*, 26[T]
Akelei 24, 25*, 26[T], 92, 93*, 94[T], 105*, 107
Alant 89
Alba-Rose 60, 63
Alcea rosea 57, 58*, 59[T], 109
Alchemilla mollis 30*, 31v, 41*, 93*, 94[T], 101*, 102[T]
alkalische Böden 28
Alpenveilchen, Efeublättriges 27[T]
Allium giganteum 47
Allium moly 47
Alte Rose 59, 60, 60*, 61*, 63, 65, 66*, 67, 85*, 111, 112
Amaranthus caudatus 53
Amelanchier lamarckii 70
Ananasminze 113
Anaphalis triplinervis 23
Anemone blanda 27[T], 47
Anemone nemorosa 25*, 27[T], 47
Anemone-Japonica-Hybriden 27[T], 97[T]
Anemone 44, 47
Anhäufeln 65, 65*
Anthemis narschalliana 22[T]
Antirrhinum majus 53
Anzucht 57
Aquilegia vulgaris 93*, 94[T], 105*
Aquilegia-Hybriden 25*, 26[T]
Armeria maritima 22[T]
Artemisia arborescens 23, 111*
A. arborescens 'Powis Castle' 112[T]
A. absinthium 39
A. absinthium 'Lambrook Silver' 113
A. dranunculus 39
Aruncus dioicus 25*, 26[T]
Aster amellus 23, 96*, 97[T]
Aster novae-angliae 96*, 97[T], 106, 109
Aster-Dumosus-Hybriden 104
Aster 36, 88, 95, 95*, 108
Astilbe 24, 89, 107
Astilbe chinensis var. *pumila* 25*, 26[T]
Astilbe-Arendsii-Hybriden 25*, 26[T], 106
Astrantia major 25*, 26[T]
Atlaszeder 68
Aubrieta-Hybriden 23
Aurinia saxatilis 23
Azalee 28
Azur-Salbei 104

Balkonblumen 50, 84
Bambus 42
Bart-Iris 23, 37, 92, 93*, 94[T], 105*, 110, 112[T], 113
– Niedrige 111*
Bartfaden 22[T]
Bartnelke 57, 58*, 59[T], 89*
Basilikum 109
Bauernjasmin 69*
Bäume 70
Bechermalve 51*, 53, 54, 58*, 59[T], 106
Beetblumen 50
Beeteinfassung 81*
Beetrose 63, 101*
Begleitpflanzen 75
Bellis perennis 57
Bentonit 14
Berberis thunbergii 109
Berberitze 70, 109
Berg-Waldrebe 83
Bergaster 23, 23, 95, 96*, 97[T]
Bergbohnenkraut 19, 38, 39, 62
Bergenia-Hybriden 25*, 25[T], 41
Bergenie 24, 25*, 26[T], 40, 41
Bergkamille 22[T]
Bienenfreund 15, 15*
Bienne 56
Birke 23
Blattschmuckstauden 29, 35, 40, 113
Blaublatt-Funkie 30*, 31[T]
Blaublüher 104
Blaukissen 19, 23
Blauraute 23, 86*, 87[T], 104, 113
Blauregen 82*, 83
Blauschwingel 20*, 21, 22[T], 42, 96*, 97[T], 111*, 112[T]
Blaustern 44, 47, 48, 104
Blumenwiesen 55
Blut-Storchschnabel 20*, 22[T], 107, 113
Blütengehölze 70
Blütezeiten 88
Blutweiderich 29, 30*, 31[T]
Boden 12
Boden verbessern 14
Bodenanalyse 13, 28
Bodenart 13
Bodendecker 35, 40, 45
Bodendeckerrosen 61, 63, 66*, 67
Bodenlockerung 80, 80*
Bodenprobe 13, 13*
Bodentypen 13
Bodenverbesserer 15
Bodenverbesserung 15
Bohnenkraut 85
Borago officinalis 39
Borretsch 38, 39
Bourbon-Rose 63, 66*
Brennende Liebe 109
Brennessel 12, 13*
Brunnera macrophylla 30*, 31[T], 104
Buchweizen 15
Buddleja davidii 'Black Knight' 69*, 97[T]
Buddleja alternifolia 70
Buntnessel 109
Buschwindröschen 24, 47, 110

***C**alamagrostis* × *acutiflora* 'Karl Foerster' 43*, 96*, 97[T]
Calendula officinalis 51*, 58*, 59[T]
Callistephus chinensis 53
Caltha palustris 30*, 31[T]
Campanula carpatica 104*, 111*
Campanula carpatica 'Weiße Clips' 112[T]
Campanula latifolia 25*, 26[T]
Campanula latifolia var. *macrantha* 'Alba' 25*, 26[T]
Campanula medium 57
Carex morrowi 'Variegata' 25*, 27, 30*, 31[T], 43
Centranthus ruber 106, 111*
Centranthus ruber 'Albiflorus' 112[T]
Centranthus ruber 'Coccineus' 20, 22[T]
Cerastium tomentosum 23
Cerastium. tomentosum var. *columnae* 113
Chaenomeles 70
Chelone obliqua 97[T]
Cheiranthus cheiri 57
Chinaschilf 30*, 42*, 43*
Chionodoxa luciliae 47
Christrosen 35, 92
Chrysantheme 88
Chrysanthemum-Indicum-Hybriden 96*, 97[T], 109
Cimicifuga racemosa 27[T]
Clematis 62
Clematis 'Étoile Violette' 83*
Clematis montana 83
Clematis tangutica 101*, 102[T]
Clematis viticella 83, 86, 87[T], 106
Cleome hassleriana 53
Cobaea scandens 53
Consolida ajacis 53
Containerrosen 64*
Containerware 65
Convallaria majalis 47, 85
Coreopsis verticiliata 90*, 91[T], 101*, 102[T]
Corydalis cava 47
Cosmos bipinnatus 51*, 58*, 59[T]
Cotinus coggygria 70
Crataegus 70
Crocus chrysanthus 47
Crocus flavus 47
Crocus speciosus 47, 97[T]
Crocus-Hybriden 47, 93*, 94[T]
Cucurbita pepo 53
Cyclamen hederifolium 27[T]
Cytisus × *praecox* 70

Dahlie 44, 48
Damaszener-Rose 63, 66*
Daphne mezereum 84
Dauerblüher 89, 90*
Delphinium-Elatum-Hybriden 66*, 67[T], 90*, 91[T], 104
Deschampsia cespitosa 25*, 27[T], 43
Deutzia 70
Deutzie 70
Diamantgras 95*
Dianthus barbatus 57, 58*, 59[T]
Dianthus carthusianorum 22[T]
Dianthus deltoides 22[T], 85
Dianthus gratianopolitanus 22[T], 113
Dicentra spectabilis 25*, 26[T], 93*, 94[T]
Dichter-Narzisse 46*, 47, 85
Dickmännchen 41
Digitalis purpurea 25*, 27[T], 57, 106
Direktsaat 54*
Dolden-Milchstern 47
Doronicum orientale 93*, 94[T]
Dreiblattspiere 27[T]
Dryopteris filix-mas 41
Duft 84
Duft-Resede 85
Duft-Veilchen 85
Duftgeranie 84, 85, 86*, 87[T]
Duftpflanzen 85, 86*, 87[T]
Duftschneeball 70, 84
Duftsteinrich 23, 53, 66*, 67[T], 85, 111*, 112[T]
Duftwicke 52, 52*, 53, 58*, 59[T], 84, 85

Eberesche 70
Echinops bannaticus 20, 22[T]
Edeldistel 89, 104, 111*, 112[T], 113
Edelgarbe 21, 22[T], 86*, 87[T]
Edelraute 23, 76, 111*, 112[T], 113
Edelrose 63
Edelweiß 19
Efeu 25*, 27[T], 83
Ehrenpreis 23, 89
– Silbergrauer 113
Einjährige 50, 58*, 85, 100, 104, 109, 113
einjährige Kletterer 52
Eisenhut 24, 75, 78
– Herbst- 25*, 26[T], 97[T], 104
Elfenbein-Ginster 70
Elfenblume 41
– Immergrüne 27[T]
Epimedium pinnatum 27[T]
Epimedium × *versicolor* 41
Eranthis hyemalis 47
Erigeron-Hybriden 66*, 67[T]
Eryngium alpinum 104
Eryngium planum 111*
Eryngium planum 'Silverstone' 112[T]
Erysimum cheiri 57, 85
Eschenahorn 70
Eschscholzia californica 51*
Eselsdistel 113
Essigbaum 70
Estragon 39
Euonymus europaeus 70
Eupatorium fistulosum 97[T]
Euphorbia characias 23
Euphorbia myrsinitis 23
Euphorbia polychroma 23, 93*, 94[T]
Euphorbia seguieriana 23
Euphorbia seguieriana subsp. *niciciana* 101*, 102[T]

Fächer-Ahorn 70, 70*
Fallopia baldschuanica 83
Farben 98
Farbkreis 99
Fargesia murieliae 43
Farne 24, 28*, 40, 40*, 76
Federmohn 113
Feinstrahl 37, 66*, 67[T]
Feinstrahlaster 89
Feldthymian 20*, 22[T]
Fenchel 38
Festuca cinerea 20, 22[T], 96*, 97[T], 111*, 112[T]
Fetthenne 23, 37, 95, 95*, 109, 113
Feuer-Ahorn 70
Feuer-Geißblatt 86*, 87[T]
Feuerbohne 52*, 53
Feuerdorn 70
Filziges Hornkraut 23, 113
Fingerhut 24, 25*, 27[T], 35, 56*, 57, 75*, 89, 106
Fingerprobe 13*
Fingerstrauch 70
Flieder 59[T], 69*, 84, 85
Forsythia 70
Forsythie 70, 100, 103
Frauenmantel 30*, 31[T], 37, 40, 41*, 62, 76*, 89, 93*, 94[T], 101*, 102[T], 103
Fritillaria imperialis 47
Fritillaria meleagris 47
Frühlings-Tamariske 70
Frühlingsblüher 94[T]
Frühlingsboten 44
Frühsommerblüher 94[T]
Füllpflanzen 75
Fuchsschwanz, Garten- 53
Funkie 29*, 40, 41*, 103, 113

***G**alanthus nivalis* 25*, 27[T], 47, 93*, 94[T]
Galium odoratum 27[T]
Gallica-Rose 60, 61*, 63
Gämswurz 92, 93*, 94[T], 100
Gartensandrohr 43*
Gehölze 68, 84, 109, 110
Gehölzrand 47
Geißblatt 83
– Gold- 83, 83*
Gelbblatt-Funkie 101*, 102[T]
Gelbe Zwiebel-Iris 21, 47
Gelbsenf 15, 15*
Geranie 18*
Geranium 105*
Geranium himalayense 105*
Geranium pratense 30*, 31[T], 105*
Geranium psilostemon 106
Geranium sanguineum 22[T]
Geranium sanguineum 'Album' 111*, 112[T], 120
Gesteinsmehl 14
Geum coccineum 109
Giersch 36
Gillenia trifoliata 27[T]
Ginster 23, 28
Gladiole 44, 48
Glockenblume 62, 75*, 89, 89*
– Dalmatiner 19*
Glockenrebe 53
Glyzine 83
Goldfelberich 30*, 31[T], 89, 101*, 102[T], 103
Goldgarbe 20*, 22[T], 23, 89, 95
Goldkrokus 47
Goldlack 23, 57, 57*, 85, 100
Goldlauch 46, 47
Goldmohn 23, 51*
Goldregen 68, 70, 100, 101*, 102[T], 103
Goldrute 95, 101*, 102[T], 103
Gräser 24, 35, 37, 42, 76, 78, 95, 109
Grasnelke 22[T], 23
graulaubige Pflanzen 20*, 113, 113*
Großklima 11
Gründünger 15, 15*
Gründüngerpflanzen 15
Günsel 41, 109
Gypsophila paniculata 111*, 112[T]

Halbschatten 24
Halbschattig 17, 25*

Hartriegel 70
Hasenglöckchen 47
Hauswurz 19, 23
Hedera helix 25, 27T, 83
Heidekrautgewächse 28
Heidenelke 22T, 85
Heiligenkraut 20*, 22T, 21, 37, 85, 113
Helenium autumnale 'Pumilum Magnificum' 90*, 91T
Helenium bigelovii 'The Bishop' 102*
Helenium-Hybriden 90*, 91T, 101*, 109
Helianthus annuus 53, 58*, 59T
Helichrysum bracteatum 53
Heliopsis helianthoides var. _scabra_ 96*, 97T, 101*, 102*
Heliotropium arborescens 53, 86*, 87T
Helleborus orientalis 93*, 94T
Helleborus-Orientalis-Hybriden 25*, 26T
Hemerocallis minor 30*, 31T
Hemerocallis-Hybriden 101*, 102T, 109
Hepatica transsylvanica 27T
Herbst-Anemone 27T, 97T
Herbst-Chrysantheme 36, 37, 95, 96*, 97T, 109, 110
Herbst-Krokus 47, 97T
Herbstblüher 97T
Herbstfärbende Gehölze 70
Hesperis matronalis 27T, 85
Heuchera micrantha 41*
Heuchera micrantha 'Palace Purple'* 25*, 26T
Himalaya-Storchschnabel 105*
Hohe Bart-Iris 111*
Hohe Schlüsselblume 93*
Höhenstaffelung 77
Hohler Lerchensporn 47
Hopfen, Japanischer 53
Hornkraut 18
Hornveilchen 105*
Hortensie, Garten- 28, 28*
Hosta 41*
H. sieboldiana 31T
H. sieboldiana 'Elegans' 30*
Hosta-Hybriden 27T, 101*, 102
Hosta-Hybride 'Patriot' 25*
Huflattich 12
Humulus japonicus 53
Humus 14*, 15
Hundrose 63
Hundsrose 60
Hyazinthe, Garten- 28, 28*, 85, 104
Hyacinthoides hispanica 47
Hyacinthus orientalis 85, 104
Hyacinthus-Orientalis-Hybriden 47
Hyazinthe 45, 47, 57, 84, 85
Hydrangea aspera 25*, 27T
Hydrangea macrophylla 28
Hydrangea paniculata 70
Hydrangea petiolaris 83

Iberis sempervirens 23
Iberis umbellata 53
Immergrün 76
Indianernessel 37, 85, 89, 95, 96*, 97T, 107, 108, 109
Inkarnatklee 15, 15*
Inselbeete 77*, 89
Ipomoea tricolor 53, 104
Iris 107
Iris-Germanica-Hybriden 93*, 94T, 105*, 111*, 112T
Iris-Pumila-Hybriden 111*
Iris danfordiae 47
Iris pseudacorus 30*, 31T
Iris reticulata 47
Iris sibirica 30*, 31T, 104*
Islandmohn 23

Japanische Blüten-Kirsche 70
Japansegge 27T, 30*, 31T, 43
Jasmin 83
Jasminum nudiflorum 83
Juli-Silberkerze 27T, 89
Jungfer-im-Grünen 53, 58*, 59T, 104
Juniperus 28

Kaiserkrone 44, 45, 47, 48
kälteempfindliche Arten 54
Kapuzinerkresse 52*, 53, 108, 109
Karpaten-Glockenblume 104, 111*, 112T
Karthäusernelke 22T
Katzenminze 19, 20*, 21, 22T, 37, 62, 62*, 89, 90*, 91T, 91, 91*, 113
Kaukasus-Vergissmeinnicht 30*, 31T, 104
Kerria japonica 70
Kerzen-Ligularie 29*, 30*, 31T
Kissenaster 104
Klatschmohn 108, 109
Klee-Sorten 15
Kleinklima 11
Kletter-Hortensie 83
Klettergehölze 83
kletternde Gehölze 83
Kletterpflanzen 52, 83, 84, 87T
Kletterrose 58, 59, 63, 83, 86, 87
Klima 19
Klimazonen 10
Knollen 44, 45
Knollenblumen 104
Knöterich 83
Kolkwitzia amabilis 69*, 93*, 94T
Kolkwitzie 69*, 93*, 94T
Komplementärfarben 99, 100
Kompost 14, 14*, 15, 36, 37, 48, 49, 54, 65, 80
Königsfarn 28
Königskerze 18, 20*, 21, 22T, 56, 56*, 57, 76, 100, 113
Königslilie 46, 47, 85, 86*, 87T
Kornblumen 55
Kräuter 18, 19, 35, 38, 38*, 62, 62*, 76*, 84, 85
Kriechendes Schleierkraut 106
Kriechspindel 70
Kriechspindel 'Emerald Gaiety' 113
Krokus 19, 44, 46, 46*, 47, 48, 93*, 94T
–, Bunter 47
– Garten- 47
Krokus 'Vanguard' 45*
Küchen-Salbei 111*, 112T
Küchen-Salbei 'Tricolor' 113
Kugeldistel 20*, 21, 22T, 95, 98*
Kupfer-Felsenbirne 70

Laburnum 70
L. × watereri 101*
L. watereri 'Vossii' 102T
Lampenputzergras 43*, 76
Langzeitblüher 91T
Lathyrus odoratus 53, 58*, 59T, 85
Laubfarben 21, 38, 40
Laubformen 21, 38
Lavandula angustifolia 20, 22T, 86*, 87T, 104, 113
Lavatera trimestris 51*, 58*, 59T, 106
Lavendel 19, 20*, 22T, 36, 38, 39*, 62, 84*, 85, 86*, 87T, 104, 113
Lavendelwolken 19*
Lazy-Rosengarten 66*
Leberbalsam 53
Leberblümchen 27T
Lehm 13
lehmig-toniger Boden 29
Leichter, sandiger Boden 13
Lein 35, 92, 111*
Leitpflanzen 75
Lenzrose 24, 25*, 26T, 93*, 94T
Leucanthemella serotina 97T
Leucanthemum × superbum 90*, 91T
Leucojum vernum 47
Levkoje 53, 84, 85, 85*
Liatris spicata 23
Licht 16, 107
Lichtnelke 20*, 21, 22T, 106, 113
Ligularia dentata 30*, 31T
Ligularia przewalskii 30*, 31T
Lilie 45, 46, 47, 48, 49, 84, 84*, 85, 86*, 87T
–, Asiatische Hybriden 46
–, Orientalische Hybrien 46
Lilium candidum 47
Lilium lancifolium 47
Lilium regale 47, 86*, 87T
Lilium-Hybriden 47, 86*, 87T
Linde 68
Ligularie, Strauß- 30*, 31T
Linum perenne 105*, 111*
Linum perenne 'Album' 112T
Lobelia erinus 53
Lobelia fulgens 109
Lobularia maritima 53, 66*, 67T, 85, 111*, 112T
Lonicera × heckrottii 86*, 87T
Lonicera periclymenum 83
Lonicera × tellmanniana 83
Löwenmäulchen 53
Löwenzahn 12
Lungenkraut 41*, 113
Lupine 15, 62*, 92*
Luzerne 15
Luzula sylvatica 43
Lychnis chalcedonica 109
Lysimachia punctata 30*, 31T, 101*, 102T
Lythrum salicaria 30*, 31T

Macleaya cordata 113
Mädchenauge 89, 103
Madonnenlilie 46, 47, 48
Maiglöckchen 47, 85
Malus-Hybriden 69*
Männertreu 53
Margerite 37, 55
Marienglockenblume 57
Märzenbecher 44, 47
Maßliebchen 57, 92
Matteuccia struthiopteris 25*, 27T, 41
Matthiola incana 53, 85
Meconopsis cambrica 27T
Mehl-Salbei* 58*, 59T, 113
Melica ciliata 43
Melissa officinalis 39
Mentha rotundifolia 'Variegata' 39*
Mentha suaveolens 'Variegata' 113
Mineralboden 13, 13*
Minze 38, 39*
Miscanthus 43*
M. sinensis 'Zebrinus' 30*, 31T, 101*, 102T
mittlere Böden 13
Mohn 77, 78*
Mohnblumen 55
Mohnblüte 88
Monarda-Hybriden 85, 96*, 97T, 109
Mulchen 81*
Muscari armeniacum 47, 93*, 94T, 105*
Mutterboden 12, 13, 13*
Mutterkraut 51*
Myosotis sylvatica 57, 93*, 94T, 104

Nachtkerze 78*, 85, 86*, 87T
Nachtviole 27T, 85
Nadelblättriges Mädchenauge* 90*, 91T, 101*, 102T
Narcissus-Hybriden 45*, 47
Narcissus poeticus 47, 85
Narcissus pseudonarcissus 47
Narzissen 44, 44*, 45, 46, 47, 48, 49, 57, 91, 100
Nelken 18*, 85, 106
Nelkenwurz 109
Nepeta × faassenii 20, 22T, 90*, 91T, 113
Netz-Iris 21, 46, 47
Nicotiana-Hybriden 85
Nigella damascena 53, 58*, 59T, 104

Oenothera fruticosa 86*, 87T
öfterblühende Pflanzen 61, 63, 65
Oktober-Margerite 97T, 110
Ölrettich 15
Onopordum acanthium 113
Ophiopogon planiscapus 'Niger' 109
Oregano 38, 39*
Ornithogalum umbellatum 47
Osmunda regalis 28
Osterglocke 46, 47

Pachysandra terminalis 41
Paeonia lactiflora 85, 93*, 94T, 106, 111*, 112T
Panicum virgatum 96*, 97T
Panicum virgatum 'Rehbraun' 43*
Papaver orientale 93*, 94T, 106, 109, 111*, 112T
Papaver rhoeas 109
Parrotia persica 70
Parrotie 70
Parthenocissus tricuspidata 83
Pelargonium 86*
Pelargonium-Hybriden 87*
Pennisetum 43*
Penstemon barbatus 22T
Perilla frutescens 109
Perlkörbchen 23
Perovskia abrotanoides 23, 86*, 87T, 104, 113
Perückenstrauch 70, 109
Pfaffenhütchen 70
Pfeifenwinde 83
Pfingstnelke 22, 23, 113
Pfingstrose 35, 59T, 85, 92, 93*, 94T, 106, 107, 109, 110, 111*, 112T, 113
– 'Mme Verneville' 34*
Pfingstrosenblüte 88
Pflanzabstände 81
Pflanzen 65
Pflanzung 71
Pflanzzeit 48, 64
Pflegepraxis Stauden 36
pH-Wert 13, 28
Phaseolus coccineus 53
Philadelphus-Hybriden 69*
Phlox 35, 37, 59T, 66*, 67T, 85, 89, 106, 107
Phlox 'Landhochzeit' 35*
Phlox _paniculata_ 66*, 67T, 85, 106
Photosynthese 16
Plectranthus 109
Polsternelken 18, 22
Polygonatum-Hybriden 27
Potentilla fruticosa 70
Pracht-Spiere 70
Pracht-Storchschnabel 89*
Prachtscharte 23
Prachtspiere 25*, 26T, 106
Prachtstauden 35, 37, 103
Primeln 92
Primula elatior 93*, 94T
Prunkwinde 52, 53, 53*, 104
Prunus serrulata 70
Prunus subhirtella 70
Pulmonaria saccharata 41*
Pupur-Fetthenne 23, 96*, 97T
Purpur-Günsel 25*, 26T
Purpur-Salbei 96*, 97T, 109
Purpur-Sonnenhut 35
Purpurblättrige 109
Purpurdost 97T
Purpurglöckchen 24, 25*, 26T, 41*, 76*, 109
purpurlaubige Pflanzen 109

Quecke 22T, 36

Ramblerrose 61, 61*, 63, 66*, 67
Ranker 52, 83
Rankhilfen 83
Ranunkelstrauch 70
Rasen 81
Rasenschmiele 43
Raublattaster 37, 95, 96*, 97T, 106, 107*, 109
Raumteiler 77
Reitgras, Garten- 96*, 97T
Reseda odorata 85
Resede 85
Rhizome 45
Rhododendron 28, 28*
Rhus typhina 70
Riesen-Pfeifengras 43
Riesen-Zierlauch 47
Ringelblume 51*, 53, 58*, 59T, 100
Rittersporn, einjähriger 53
Rispen-Hortensie 70
Ristolochia macrophylla 83
Rittersporn 35, 35*, 36*, 37, 59T, 62, 66*, 67T, 75, 78*, 89, 89*, 90*, 91, 91T, 104, 110
Rodgersia henryci 30*, 31T

Römische Kamille 19*
Rosa 58*, 83
Rosa canina 63
Rosa majalis 63
Rosa rubiginosa 63
Rosarotes Schaublatt 30*, 31[T]
Rose 60, 62*, 63, 85, 89*, 103, 110
einmalblühende 65
öfterblühende 89
– 'Aspirin' 63
– 'Bobbie James' 63
– 'Cardinal de Richelieu' 63
– 'Charles de Mills' 61*, 66*, 107
– 'Chorus' 63
– 'Commandant Beaurepaire' 63
– 'Fairy Dance' 63
– 'Félicité et Perpétue' 63
– 'Félicité Parmentier' 63
– 'Friesia' 63, 84, 102[T], 103
– 'Gloire de Dijon' 86*, 87[T]
– 'Golden Shower's' 59[T]
– 'Goldfinch' 63
– 'Graham Thomas' 84
– 'Isphahan' 63
– 'Königin von Dänemark' 63
– 'Leda' 63
– 'Lichtkönigin Lucia' 63, 102[T]
– 'Lion's Rose' 84
– 'Loredo' 63
– 'Louise Odier' 66*, 67[T], 85*
– 'Maiden's Blush' 63
– 'Maxima' 63
– 'Mme Hardy' 66*, 67[T], 111*, 112[T]
– 'Paul's Himalayan Musk' 66*, 67[T]
– 'Rose de Resht' 66*, 67[T]
– 'Schneewittchen' 84, 91*
– 'Sommerwind' 63, 63*
– 'Souvenir de la Malmaison' 107
– 'Super Excelsa' 63
– 'Swany' 63
– 'Sympathie' 63, 84
– 'The Fairy' 62*, 66*, 67[T], 107
– 'Tuscany' 108
– 'Venusta Pendula' 63
– 'Versicolor' 63
– 'Weddingday' 61*
– 'Westerland' 62*, 63
Rosenbegleiter 89
Rosensorten 85
Rote Sommer-Spiere 70
rotlaubige Pflanzen 109
Rudbeckia fulgida 101*, 102[T]
Ruta graveolens 39, 113
Rutenhirse 43*, 95, 96*, 97[T], 109

Salbei 19, 21, 38, 39*, 62, 85, 103
– Gelbbunter 20*, 22[T], 101*, 102[T]
Salomonsiegel 27[T]
Salvia coccinea 109
Salvia farinacea 58*, 59[T], 113
Salvia nemorosa 90*, 91[T]
Salvia officinalis 'Berggarten'* 111*, 112[T]
Salvia officinalis 'Icterina' 20, 22[T], 101*, 102[T]
Salvia officinalis 'Purpurascens'* 96*, 97[T]
Salvia patens 104
Samt-Hortensie 25*, 27[T]
Sandboden 14
Sanddorn 70
sandig-steiniger Boden 18
sandige Böden 20*
Sandmohn 12
Santolina chamaecyparissus 20, 22[T], 113
Saponaria × lempergii 97[T]
Satureja montana 39
saure Böden 28
Schachbrettblume 47
Schafgarben 34*
Scharbocks-Kraut 12
Scharlach-Lobelie 109
Scharlach-Salbei 109
Schatten 24
Schattengarten 24
schattiger Standort 17, 25*
Schaublatt 29*, 76
Scheinmohn 27[T]
Scheinquitte 70
Schildblume 97[T]
Schirmbambus 43
Schlangenbart-Gras 109
Schleierkraut 62, 110
Schleifenblume 23, 53, 92
Schlinger 52, 83
Schlitzahorn 109
Schlüsselblume 100
Schmetterlingsstrauch 69*, 97[T]
Schmuckkörbchen* 51*, 52*, 53, 58*, 59[T]
Schneeglöckchen 24, 25*, 27[T], 44, 46, 46*, 47, 92, 93*, 94[T], 110
Schneestolz 44, 46*, 47
Schnitt 65
Schwarzäugige Susanne 53
Schwarzäugiger Storchschnabel 106
Schwarze Stockrose 108
Schwarznesseln 109
schwere Böden 14*
schwerer, toniger Boden 13, 14*
Scilla siberica 47, 104
Sedum floriferum 41
S. telephium 23, 96*, 97[T], 109, 113
Seidelbast 84
Sempervivum-Hybriden 23
Senecio cineraria 113
Seradella 15
Sichtschutz 83
Silber-Perlkörbchen 113
Silberährengras 42*, 43
Silberblatt 113
Silberblättrige 113
Silberkerze 24, 35
silberlaubige Pflanzen 110, 112[T], 113*
Silene coronaria 20, 22[T], 106, 111*
Silene coronaria 'Alba' 112[T]
Sitzplatz 82, 86*
Solidago-Hybride 101*, 102[T]
Sommeraster 53
Sommerblüher 89
Sommerblumen 23, 50, 50*, 53, 58*, 81, 84, 89, 108, 110
Sommerflieder 70
sommergrüne Gehölze 71*
Sommermargerite 35*, 89, 90*, 91[T], 95
Sommersalbei 37, 89, 89*, 90*, 91, 91[T]
Sonnenauge 37, 78, 95, 96*, 97[T], 100, 101*, 102[T]
Sonnenauge 'Goldgrünherz' 103
Sonnenblume 53, 54, 58*, 59[T], 78, 89, 95, 100
Sonnenbraut 35*, 37, 89, 90*, 91[T], 95, 100, 101*, 102[T], 103, 108, 109
Sonnenhut 37, 95, 100, 101*, 102[T], 103
Sonnenröschen 109
sonnig-trockene Plätze 23
Sorbus 70
Spätblüher 97[T]
Spätfrostschäden 11
Spätsommer-Seifenkraut 97[T]
Spätsommerblüher 97[T]
Spinnenblume 53
Spiraea japonica 70
Spiraea × vanhouttei 70
Spornblume 20*, 21, 22[T], 89, 89*, 106, 107, 111*, 112[T]
Stachys byzantina 20, 22[T], 41*, 96*, 97[T], 111*, 112[T]
Standort 12
Stauden 34, 89, 92
Stauden im Container 36
Stauden pflanzen 36
Stauden-Lein 105*
Staudenlein 112[T]
Steingarten 19, 19*, 46
Steinklee 12, 15
Steinkraut 19, 92
–, Felsen- 23
Steppen-Schleierkraut 111*, 112[T]
Steppen-Wolfsmilch 18, 23, 101*, 102[T]
Sterndolde 25*, 26[T]
Stiefmütterchen 45*, 57, 92
Stipa calamagrostis 43
Stockrose 56, 56*, 57, 58*, 59[T], 107, 109
Strohblume 23
–, Garten- 53
Storchschnabel 21, 34*, 37, 76, 89, 105*
Strahlenanemone 24*, 27[T], 47
Sträucher 70
Strauchrose 62, 63, 75, 91*, 101*, 102, 108
Straußfarn 27[T]
Strohblume 23
–, Garten- 53
Studentenblume 53, 58*, 59[T], 100
Stützhilfen 37
Sumpfdotterblume 29, 30*, 31[T]
Sumpfschwertlilie 29, 30*, 31[T]

Tagetes-Erecta-Hybriden 53, 100
Tagetes-Patula-Hybriden 53, 58*, 59[T], 100
Tagetes tenuifolia 53, 100
Taglilien 29, 30*, 31[T], 76, 92, 101*, 102[T], 103, 108, 109
Tanacetum panthenium 51*
Tamariske 23
Tamarix parviflora 70
Teichrand 29, 30*
Teppich-Astilbe 25*, 26[T]
Teppich-Sedum 41
Terasse mit Sichtschutz-Kletterpflanzen 86*
Terrassen 82
Textur 76
Texturen 40
Thunbergia alata 53
Thymian 19,19*, 21, 22[T], 23, 38, 39, 62, 84*, 85
Thymus citriodorus 22[T]
Thymus puleigoides 22[T]
Thymus serpyllum 20, 22[T]
Thymus vulgaris 22[T], 39
Tigerlilie 47
tonige Erde 14
Tränendes Herz 24, 25*, 26[T], 77, 92, 93*, 94[T]
Traubenhyazinthe 21, 45*, 46, 47, 48, 91, 93*, 94[T], 105*
Treppen 19*
Trichterfarn 25*, 27[T], 41
Trockenmauer 19, 19*
Trockenmäuerchen 20*
Trollblume 29, 30*, 31[T]
Trollius-Hybride 30*, 31[T]
Tropaeolum majus 109
Tropaeolum-Hybriden 53
Tulipa-Hybriden 47, 93*, 94[T], 106
Tulipa tarda 47
Tulpe 44, 44*, 45, 46, 47, 49, 57*, 93*, 94[T], 106, 107
– botanische 46, 47
– Crispa-Tulpen 46
– Darwin-Tulpen 46
– Forsteriana-Tulpen 46
– Greigii-Tulpen 46
– Lilienblütige Tulpen 45*
– Papageientulpen 46
– Triumpfh-Tulpen 46
– Vielblütige Tulpen 46, 47
–Viridiflora-Tulpen 46
Tulpe 'Queen of the Night' 108
Türkenmohn 92, 92*, 93*, 94[T], 106, 107, 108, 109, 111*, 112[T]

Unkräuter 36, 81

Vanilleblume 53, 84, 85, 86*, 87[T]
Verbascum-Arten 57
Verbascum bombyciferum 20, 22[T], 113
Veredlungsstelle 65, 64*, 65*
Vergissmeinnicht 57, 92, 93*, 94[T], 104
Veronica spicata 23
Veronica spicata subsp. *incana* 113
Verwildern 47
Vexiernelke 111*
Viburnum farreri 84
Viburnum lantana 70
Viburnum × carlcephalum 70
Viola cornuta 85, 105*
Viola × wittrockiana 57
Vogelmiere 12
Volldünger 37
Voranzucht 54*
Vorfrühlingsboten 44
vorgezogene Jungpflanzen 54*

Wacholder 28
Wald-Geißblatt 83, 85
Wald-Marbel 43
Waldgeißbart 25*, 26[T], 75, 78
Waldglockenblume 25*, 26[T]
Waldmeister 27[T]
Waldrebe 83, 103, 107
– Gold- 101*, 102[T]
– Italienische 83, 86*, 87[T], 106
Waldschmiele* 25*, 27[T]
Walzen-Wolfsmilch 23
Weigela 70
Weigelie 70
Weinraute 38, 39, 113
Weinrose 60, 63
weiß blühende Pflanzen 112[T]
Weißdorn 70
Weiße Lichtnelke 112[T]
Weiße Waldglockenblume 25*
Weißer Blut-Storchschnabel 111*, 112[T]
Weißer Rittersporn 62*
Weißes Buschwindröschen 25*, 27[T]
Weißrand-Funkie* 25*, 27[T]
Wermut 38, 39, 62, 85
Wiesen-Storchschnabel 30*, 31[T], 105*
Wiesen-Iris 30*, 31[T], 104
Wiesenblumen 55
Wild-Krokusse 46
Wilder Wein 83
Wildnarzissen 48
Wildrosen 60*, 61*, 63
Wildstauden 35
Wildtulpen 19, 21, 46, 48
Wimpernperlgras 43
Winterling 44, 47, 92, 100
Winterwicke 15
Wisteria sinensis 83
Wolfsmilch 92, 103
– Gold- 23, 92, 93*, 94[T]
– Pfahl- 23
Wolliger Schneeball 70
Wollziest 20*, 21, 22[T], 41*, 76, 96*, 97[T], 111*, 112[T], 113
Wühlmäuse 49, 49*
Wurmfarn 28
wurzelballierte Rosen 64
wurzelnackte Rosen 64, 65
Wurzelsperre 81
Wurzelunkräuter 80, 80*

Ysop 62

Zaubernuss 103
Zebraschilf 31[T], 101*, 102[T], 103
Zier-Apfelbäumchen 68
Zierapfel 69*, 70
Ziergehölze 23, 68
Ziergräser 29
Zierkirschen 68*
Zierkürbis 53
Zierlauch 45
Ziertabak 85
Zimtrose 60, 63
Zinnia elegans 53, 109
Zinnie 53, 108, 109
Zitronenmelisse 38, 39, 85
Zitronenminze 85
Zitronenthymian 22[T], 85
Zweijährige 56, 57, 58*, 85, 92, 100, 104, 109, 113
zweijährige Blüher 58*
Zwergrosen 63
Zwergtulpen 46
Zwiebel-Iris 44, 46
Zwiebelblumen 18, 23, 77, 84, 85, 91, 92, 104, 110
Zwiebelblumen stecken 47, 48
Zwiebeln 44, 48*
Zwiebelpflanzen 21, 44
Zwiebelpflanzer 49, 49*

Die Autorin

Ute Bauer absolvierte nach dem Studium der Gartenbauwissenschaften ein Volontariat bei der Zeitschrift *mein schöner Garten*. Seit 1992 arbeitet sie als freie Journalistin zu verschiedenen Gartenthemen für diverse Gartenzeitschriften und TV-Redaktionen, als Texterin für PR-Agenturen und als Buchautorin.

Bildnachweis:

Adams, 41ol, 43r, 69ol
Borkowski: 2/3
Borstell: 18, 19u, 19o, 22o 6.v.li., 26o 2.v.li., 26o 3.v.li., 26o 6.v.li., 26u 1.v.li., 26u 2.v.li., 26u 3.v.li., 26u 6.v.li., 27o 2.v.li., 27o 3.v.li., 27o 1.v.li., 27u 4.v.li., 31o 4.v.li., 31o 5.v.li., 31u 2.v.li., 31u 6.v.li., 42u, 43l, 44u, 45o, 46o, 46u, 51ol, 52l, 52r, 56ul, 56ur, 57, 59o 1.v.li., 59o 2.v.li., 59u 1.v.li., 59u 3.v.li., 59u 4.v.li., 67o 4.v.li., 67u 1.v.li., 67u 2.v.li., 68, 70o, 75o, 75u, 76o, 76u, 78r, 79l, 79m, 79r, 81m, 82o, 85o, 87u 4.v.li., 87o 4.v.li., 88, 89m, 89o, 91o, 91u 1.v.li., 91u 2.v.li., 91u 4.v.li., 92, 94o 2.v.li., 94o 5.v.li., 94o 7.v.li., 94u 4.v.li., 94u 6.v.li, 95, 97o 3.v.li., 98o, 99, 102o 2.v.li., 102o 8.v.li., 102u 5.v.li., 103o, 105or, 105m, 106, 107o, 107u, 108, 109, 113, 112o 1.v.li., 112o 2.v.li., 112o 4.v.li., 112o 7.v.li., 112u 1.v.li
Flora Press Visions: 33
GBA/Didillon: 15m, 34o, 74, 78m
GBA/GPL: 17u, 26u 5.v.li., 38u, 46m, 55, 84u, 94o 6.v.li.
GBA/Lawson: 77u
GBA/Nichols: 40o, 77o, 78l
GBA/Noun: 54u, 103u
GBA/Perder: 19m, 60
Hagen: 47
Herwig, Moedste: 9
Pforr: 11m, 12ml, 16o, 16u, 22u 5.v.li., 27o 1.v.li., 27u 3.v.li., 28o, 29o, 31o 6.v.li., 34u, 35o, 39o, 39u, 40u, 51ur, 61o, 63, 64mr, 69ul, 102o 7.v.li., 94u 5.v.li.
Redeleit: 7, 14ul, 14ur, 14m, 15o, 24u, 36mur, 36o, 37u, 37o, 38o, 44o, 48u, 49u, 64ml, 65o, 71
Reinhard: 10, 11u, 11o, 12, 14o, 15u, 21, 22o 1.v.li., 22u 1.v.li., 22u 2.v.li., 22u 6.v.li., 26u 4.v.li., 27o 5.v.li., 28u, 31o 1.v.li., 31o 3.v.li., 31o 7.v.li., 31u 1.v.li., 35ml, 35mr, 39l, 45ml, 45mr, 51ul, 59o 3.v.li., 59o 4.v.li., 59o 5.v.li., 59u 2.v.li., 59u 5.v.li., 61u, 61m, 62r, 67o 1.v.li., 67o 5.v.li., 87o 1.v.li.,76m, 83u, 87u 3.v.li., 87u 2.v.li., 87o 3.v.li., 89u, 94o 1.v.li., 94o 3.v.li., 94o 4.v.li., 94u 1.v.li., 94u 2.v.li., 97o 6.v.li., 97u 4.v.li., 94u 8.v.li., 102o 1.v.li., 102o 3.v.li., 102u 1.v.li., 102u 2.v.li., 102u 7.v.li., 102u 8.v.li., 112o 8.v.li., 112u 3.v.li., 112u 4.v.li., 112u 6.v.li.
Ruckszio: 1, 12o, 22o 2.v.li., 22o 4.v.li., 22o 5.v.li., 22u 4.v.li., 24o, 27u 2.v.li., 31o 2.v.li., 39r, 41or, 50, 51or, 53, 64o, 67u 5.v.li., 83o, 85u, 87o 2.v.li., 87o 5.v.li., 94u 3.v.li., 97u 1.v.li., 94u 7.v.li., 105ul, 105ur, 112o 3.v.li., 112o 5.v.li., 112u 7.v.li.
Sammer: 64u
Seidl: 12mr, 22o 3.v.li., 22o 7.v.li., 26o 1.v.li., 26o 4.v.li., 26o 5.v.li., 27o 4.v.li., 29u, 31u 4.v.li., 31u 5.v.li., 31u 7.v.li., 35u, 43u, 45u, 51m, 56o, 59o 6.v.li., 62m, 67o 2.v.li., 67o 3.v.li., 67u 3.v.li., 67u 4.v.li., 69or, 69m, 69ur, 77m, 87u 5.v.li., 91u 3.v.li., 91u 5.v.li., 97o 1.v.li., 97o 2.v.li, 97u 3.v.li., 102o 4.v.li., 102u 4.v.li., 102u 6.v.li., 105ol, 112o 6.v.li., 112u 8.v.li.,
Stork: 36mol, 48o, 49m, 49o, 54m, 54o, 80m, 80u, 81u
Strauß: 6, 17o, 22u 3.v.li., 31u 3.v.li., 36mor, 36mul, 36u, 41m, 41ul, 41ur, 42o, 43o, 48m, 62l, 65u, 73, 80o, 81o, 82u, 84o, 87u 1.v.li., 91u 6.v.li., 94o 8.v.li., 97o 4.v.li., 97o 5.v.li., 97u 2.v.li., 97u 5.v.li., 98u, 102o 5.v.li., 102o 6.v.li., 102u 3.v.li., 104, 110, 112u 2.v.li., 112u 5.v.li.

Grafiken: Sylvia Bespaluk

Bibliografische Information Der Deutschen Nationalbibliothek

Die Deutsche Nationalbibliothek verzeichnet diese Publikation in der Deutschen Nationalbibliografie; detaillierte bibliografische Daten sind im Internet über http://dnb.d-nb.de abrufbar.

Überarbeitete Neuausgabe des Titels »Lazy Blumengarten«

BLV Buchverlag GmbH & Co. KG
80797 München

Umschlagfotos: Vorderseite: Friedrich Strauß, Rückseite: Ursel Borstell

Lektorat: Dr. Thomas Hagen, Sandra-Mareike Kreß
Herstellung: Angelika Tröger
DTP: Uhl + Massopust, Aalen

Gedruckt auf chlorfrei gebleichtem Papier

Printed in Italy · ISBN 978-3-8354-0772-5

So nennt der Gärtner die Pflanzen beim Namen

Deutscher Name	Botanischer Name	Abbildung Seite
Stauden		
Akelei	*Aquilegia vulgaris*	25 ff, 93 ff
Aster – –, Bergaster	*Aster amellus*	96 ff
–, Raublattaster	*A. novae-angliae*	96 ff
Astilbe, Prachtspiere	*Astilbe*-Arendsii-Hybriden	25 ff
Bart-Iris	*Iris*-Germanica- und *I.*-Pumila-Hybriden	93 ff, 111 ff
Bergenie	*Bergenia*-Hybriden	25 ff
Blutweiderich	*Lythrum salicaria*	30 ff
Edeldistel, Weiße	*Eryngium planum* 'Silverstone'	111 ff
Edelgarbe	*Achillea*-Hybriden	20 ff, 86 ff
Edelraute	*Artemisia arborescens* 'Powis Castle'	111 ff
Eisenhut, Herbst-	*Aconitum carmichaelii*	25 ff
Feinstrahl	*Erigeron*-Hybriden	66 ff
Fetthenne, –, Purpur-	*Sedum telephium*	96 ff
Frauenmantel	*Alchemilla mollis*	30 ff, 93 ff, 101 ff
Funkie – –, Blaublatt-	*Hosta* *Hosta sieboldiana* 'Elegans'	30 ff
–, Gelbblatt-	*Hosta*-Hybride 'Aureomaculata'	101 ff
–, Weißrand-	*Hosta*-Hybride 'Patriot'	25 ff
Gämswurz	*Doronicum orientale*	93 ff
Glockenblume, – –, Karpaten-	*Campanula carpatica*	111 ff
–, Wald-	*Campanula latifolia*	25 ff
–, Weiße Wald-	*Campanula latifolia* var. *macrantha* 'Alba'	25 ff
Goldfelberich	*Lysimachia punctata*	30 ff, 101 ff
Goldgarbe	*Achillea filipendulina*	20 ff, 86 ff
Goldrute	*Solidago*-Hybriden	101 ff
Günsel, Kriechender	*Ajuga reptans*	25 ff
Heiligenkraut	*Santolina chamaecyparissus*	20 ff
Herbst-Chrysantheme	*Chrysanthemum*-Indicum-Hybriden	96 ff
Indianernessel	*Monarda*-Hybriden	96 ff
Katzenminze	*Nepeta × faassenii*	20 ff, 90 ff
Kaukasus-Vergissmeinnicht	*Brunnera macrophylla*	30 ff
Kugeldistel	*Echinops bannaticus*	20 ff
Lavendel	*Lavandula angustifolia*	20 ff, 86 ff
Lenzrose	*Helleborus orientalis*	25 ff, 93 ff
Lichtnelke	*Silene coronaria*	20 ff
–, Weiße	*Lychnis coronaria* 'Alba'	111 ff
Ligularie, Kerzen-	*Ligularia przewalskii*	30 ff
–, Strauß-	*Ligularia dentata*	30 ff
Mädchenauge, Nadelblättriges	*Coreopsis verticillata*	90 ff, 101 ff
Nachtkerze	*Oenothera fruticosa*	86 ff
Pfingstrose	*Paeonia lactiflora*	93 ff, 111 ff
Phlox	*Phlox paniculata*	66 ff
Purpurglöckchen	*Heuchera micrantha* 'Palace Purple'	25 ff
Rittersporn	*Delphinium*-Hybriden	66 ff, 90 ff
Salbei, –, Gelbbunter	*Salvia officinalis* 'Icterina'	20 ff, 101 ff
–, Küchen-	*Salvia officinalis* 'Berggarten'	111 ff
–, Purpur-	*Salvia officinalis* 'Purpurascens'	96 ff
–, Sommer-	*Salvia nemorosa*	90 ff
Schaublatt, Rosarotes	*Rodgersia henryci*	30 ff
Schleierkraut, Steppen-	*Gypsophila paniculata*	111 ff
Schlüsselblume, Hohe	*Primula elatior*	93 ff
Sommermargerite	*Leucanthemum × superbum*	90 ff
Sonnenauge	*Heliopsis helianthoides* var. *scabra*	96 ff, 101 ff
Sonnenbraut	*Helenium*-Hybriden	90 ff, 101 ff
Sonnenhut	*Rudbeckia fulgida*	101 ff
Spornblume	*Centranthus ruber*	20 ff
–, Weiße	*Centranthus ruber* 'Albiflorus'	111 ff
Staudenlein, Weißer	*Linum perenne* 'Album'	111 ff
Sterndolde	*Astrantia major*	25 ff
Storchschnabel – –, Blut-	*Geranium sanguineum*	20 ff
–, Weißer Blut-	*G. sanguineum* 'Album'	111 ff
–, Wiesen-	*Geranium pratense*	30 ff
Sumpfdotterblume	*Caltha palustris*	30 ff
Sumpfschwertlilie	*Iris pseudacorus*	30 ff
Taglilie	*Hemerocallis*-Hybriden	101 ff
–, niedrige	*Hemerocallis minor*	30 ff
Teppich-Astilbe	*Astilbe chinensis* var. *pumila*	25 ff